TopoGuides®

GR®2013
Marseille-Provence
Autour de la mer de Berre et du massif de l'Étoile

Aix-TGV > Vitrolles > Marignane > Martigues > Port-de-Bouc > Istres > Miramas > Salon > Marseille > Aubagne > Auriol > Gardanne > Aix-en-Provence > Aix-TGV

UN OUVRAGE RÉALISÉ PAR :
LE CERCLE DES MARCHEURS,
LES EXCURSIONNISTES MARSEILLAIS
ET LE COMITÉ DÉPARTEMENTAL DE LA RANDONNÉE PÉDESTRE DES BOUCHES-DU-RHÔNE.

FFRandonnée Comité départemental Bouches-du-Rhône

FFRandonnée Comité régional Provence-Alpes-Côte d'Azur

SOUTENU PAR :

MARSEILLE-PROVENCE 2013 CAPITALE EUROPÉENNE DE LA CULTURE

CONSEIL GENERAL BOUCHES-DU-RHÔNE

UNE COÉDITION EXCEPTIONNELLE DE :

ÉDITIONS WILDPROJECT www.wildproject.org

FFRandonnée les chemins, une richesse partagée www.ffrandonnee.fr

Terminal à conteneurs de Mourepiane (Grand port maritime de Marseille, bassins Est).
PHOTO **GEOFFROY MATHIEU ET BERTRAND STOFLETH**

Édito
La culture du territoire

Dans le territoire dessiné par Marseille-Provence 2013, capitale européenne de la culture, les artistes-marcheurs du GR®2013 ont tracé un voyage infini, autour de la mer de Berre et du massif de l'Étoile.

Cet espace de vie, ils nous proposent maintenant de l'arpenter et de le découvrir, en glissant notre regard dans le leur, grâce à ce topo-guide unique en son genre, fruit d'une collaboration entre la Fédération française de la randonnée pédestre, le Conseil général des Bouches-du-Rhône, le Comité départemental de la randonnée pédestre des Bouches-du-Rhône, les éditions Wildproject, Marseille-Provence 2013 et, bien sûr, les 11 artistes-marcheurs associés au GR®2013.

Le département des Bouches-du-Rhône, qui est l'un des plus urbains de France et qui compte 30 zones Natura 2000*, fut grâce aux Excursionnistes* marseillais l'un des laboratoires de la randonnée pédestre à la fin du 19e siècle. Aujourd'hui, le Conseil général des Bouches-du-Rhône entretient 2 700 km de PR (chemins classés “Promenades et randonnées”). Et le département compte 118 associations de randonnée – un cas unique en France. Ici, pas de doute, la marche fait culture.

L'aventure que nous vous proposons est d'abord de découvrir d'un œil nouveau, par des chemins de traverse, des territoires apparemment bien connus. Aller une fois d'Aix à Marseille à pied, c'est modifier pour toujours sa représentation des lieux ; c'est prendre conscience qu'en ville, nous sommes toujours dans la nature, et en tout cas dans la biosphère.

Au-delà même du territoire marseillais, le GR®2013 aborde d'une façon résolument originale la question de la ville contemporaine, de son usage, de sa valeur, de son avenir. Ce regard riche et inédit s'applique à tous les continents et tous les pays du monde. Aussi ce projet, éclos des singularités de ce territoire, espère valoir bien au-delà, par les enjeux urbanistiques, artistiques et culturels qu'il aborde.

Bon voyage !

La pluie battait quand je suis sorti de la maison du chat agressif et lunatique que je gardais. Je n'en voulais plus de ses griffes et de ses dents. Avant de partir, j'ai vidé mes poches au fond de l'atelier. Clef, couteau, téléphone, porte monnaie, agenda. Je sors sans rien d'autre que mes vêtements. Je me sens libre et léger. Je peux aller partout sans rien. Je peux marcher dans la purée, traverser le brouillard épais et me sentir libre de ne pas voir l'horizon. Une lumière blanche et diffuse longe le relief des collines de Verduron. J'aime la lumière aux formes imprécises. Je me dirige vers elle par les traverses entre les propriétés et les routes. Je saute entre les flaques et je sais que je dois quitter cette ville. Je vais devenir injoignable, introuvable, invisible, je vais me cacher dans les montagnes derrière ces collines et je ne dirai pas que je suis là aux inconnus. Je marcherai tous les jours. Je passerai mon temps dans les terrains vagues à errer joyeusement entre les ombres et les sources, dans les éclats de brillances nettes et découpées des instants de discernement intense. Je me souviens quand je suis arrivé dans cette ville la réalité me prenait aux yeux, me sautait à la gueule et je marchais des jours entiers dans une sorte de mire de réalité saisissante pure et directe qui me poussait à fouiller et traquer le moindre recoin de cette ville sauvage

Préambule
L'art de la marche en milieu périurbain

Le projet GR®2013 s'est élaboré au croisement d'une pratique populaire, la randonnée, et de démarches expérimentées depuis des années par des artistes, ici et ailleurs, proposant à travers la marche d'autres représentations du territoire métropolitain que celles des outils classiques de valorisation territoriale.

Si le tracé révèle à lui seul ce nouveau regard sur le territoire, ce topo-guide est un vecteur essentiel de relecture d'un paysage périurbain, et un outil de médiation crucial pour le GR®2013. Il est à la fois l'endroit où se nomment et se partagent les trames narratives, les strates qui constituent le territoire, les connaissances convoquées (qu'elles soient sensibles ou plus scientifiques). Il est également pour nous l'endroit privilégié d'élaboration d'une pensée et d'une culture commune de la métropole, enrichie de la diversité des pratiques de chacun des artistes. C'est la mise en partage de cette culture métropolitaine qui permettra que le projet s'inscrive dans une dynamique durable, au-delà de l'année capitale.

Ce topo-guide n'est donc pas un prolongement annexe du GR®2013, ni un simple outil pratique, mais au centre du projet, comme point de convergence de nos pratiques. Nous ne voulions pas dissocier l'objet pratique permettant de cheminer (le descriptif de l'itinéraire) de l'objet artistique, car l'apport artistique et culturel s'inscrit dans l'espace commun et quotidien.

Le Cercle des Marcheurs, janvier 2012

"MAS DES GORGUETTES"
PROPRIETE PRIVEE
ENTREE INTERDITE

Sommaire

Marseille vue depuis le massif de l'Étoile / PHOTO AKRAM BELAÏD

GR®2013
La ville à la campagne

C'est une métropole* sauvage, une ville étale, en archipel, pleine d'espaces non bâtis. Les formes de la nature y sont nombreuses, entretenant des interactions variées avec l'espace construit. Des espaces « naturels » identifiés, patrimonialisés, protégés, où l'on vient faire du tourisme et du loisir de plein air (Calanques, Sainte-Victoire, Garlaban…). Mais aussi des espaces naturels moins nobles, moins protégés, souvent utilisés pour la chasse (grive, sanglier…) comme « les collines » de l'Arbois, de l'Étoile, de la Nerthe, de La Fare… Dans l'urbain qui se desserre, les franges végétales spontanées dans les interstices forment le « tiers-paysage» qui intéresse paysagistes et artistes. Dans les lotissements néo-provençaux, la nature construite des pelouses nettes et des jardinets renvoie à l'imaginaire des séries télévisées et à leur climat nord-américain.

La nature de la métropole, ce sont d'abord des usages vivriers (cueillette, chasse, pêche) et agricoles (blé d'Aix, maraîchers de Saint-Julien, serres de Berre, AMAP d'Aubagne…). Également des espaces de loisirs (à des échelles de parcs différentes : jardins de quartier, parcs urbains, collines métropolitaines, parcs nationaux) – pour des activités hétroclites et parfois conflictuelles : rando, chasse, quad, ball-trap, aéromodélisme… (cf. « Un territoire usagé » p. 16). La nature de notre monde urbanisé, c'est aussi le millefeuille des protections (ZNIEFF*, site classé, réserve naturelle, parc régional, parc national, Natura 2000, etc.). La nature des villes, que commence à étudier l'écologie urbaine, ce sont les plantes pionnières, les bords de route, les friches végétales, etc., étudiant la possibilité de création de « trames vertes » (systèmes de continuité végétale) à l'échelle urbaine et régionale, pour tenter de contrebalancer l'effet de fragmentation des écosystèmes induit par nos infrastructures (routes). Dans cette vision des continuités, le chemin est un cas particulier de corridor, et participe du projet de restauration écologique mondiale, du retramage contemporain du sytème Terre.

** Les astérisques signalent les mots expliqués dans le lexique provençopolitain, p. 192.*

Lotissement de la Batarelle au nord de Marseille, en piémont du massif de l'Étoile / PHOTO **PHILIPPE PIRON**

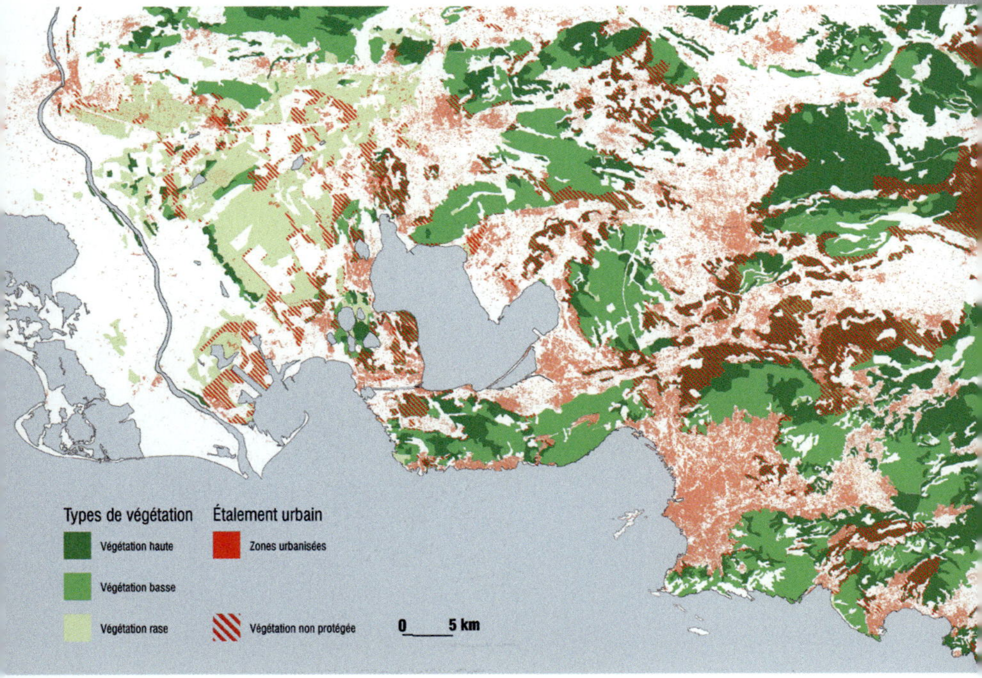

Végétation - Franges urbaines et végétation non protégée
CARTO **'ATLAS MÉTROPOLITAIN' JULIE HERMANOWICZ, FRÉDÉRIC BOURDIEC, VIVIEN DEL CAMPO 2011**

GR®2013

Autour de la mer de Berre et du massif de l'Étoile

Le GR®2013 veut dessiner la forme de la métropole marseillaise. Son urbanité discontinue est structurée par deux grands vides, deux espaces inconstructibles : à l'ouest, la mer de Berre (155 km^2), et à l'est, le massif de l'Étoile et du Garlaban (120 km^2). La mer de Berre (« mar de Berre » en provençal) est à la fois l'une des plus grandes mers intérieures d'Europe occidentale, et aussi l'une des zones* où l'air est le plus pollué. Le massif de l'Étoile et du Garlaban est un relief structurant des Bouches-du-Rhône, autour duquel s'enroulent la vallée de l'Huveaune (entre Aubagne et Marseille), la vallée minière de Gardanne, et l'autoroute Aix-Marseille. Le GR®2013 propose de faire le tour de ces deux monuments.

De la "fédération décentralisée" des oppida* celtes (cf. p. 70) au complexe industrialo-portuaire de Fos sorti de terre dans les années 1960, cet espace métropolitain ne cesse de créer des formes et des usages, des déblais et des remblais. Le GR®2013 propose de redescendre des divins sommets olympiens pour s'engager dans les plaines – comme des hommes et des femmes – et éprouver ce sens du plein & du creux.

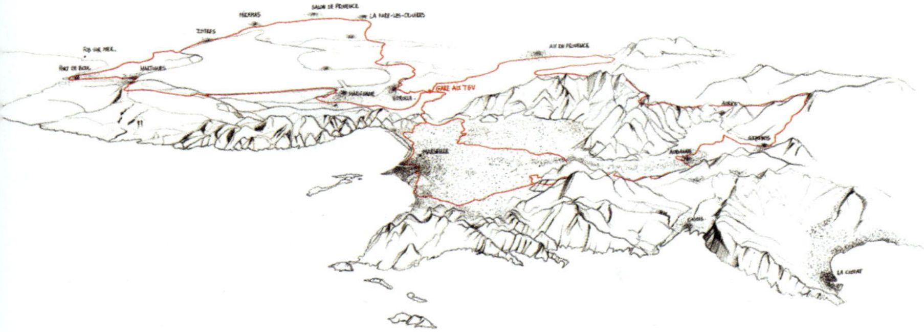

DESSIN **STÉPHANE BRISSET / SAFI**

LA MER & L'ÉTOILE
Le creux & le plein
La lagune & la colline
La mer & la garrigue*
Bourdigues* & bastides

Jean Renoir & Marcel Pagnol
Toni & Manon
Le sel & le lignite
Le pétrole & la bauxite
Le Yin & le Yang

Le creux (mer de Berre) et le plein (massif de l'Étoile) / PHOTOS **PHILIPPE PIRON (G.) et D.R. (D.)**

GR®2013
Une métropole en réseaux et en flux

USAGES

Ces deux formes – la mer et la colline – produisent un ensemble de réseaux d'échange, de commerce, de production et de déplacements. Bien que dénuée d'unité administrative et politique, cette métropole a cependant trois mille ans d'usages et d'ouvrages, fondés sur une présence humaine immémoriale, qui se compte en dizaines de milliers d'années. Ce que nous voyons résulte d'un dialogue permanent entre la topographie des sites et les besoins. La profondeur historique se lit dans le feuilletage des réseaux.

RÉSEAUX ET OUVRAGES

À l'échelle du grand 8, plusieurs réseaux ont dessiné l'espace et façonné le paysage, et de façon exponentielle depuis la Révolution industrielle :

- LES OPPIDA* CELTES autour de la mer de Berre et du massif de l'Étoile (cf. p. 70)
- LES CANAUX (de Craponne* au canal de Provence)
- LES TRANSPORTS FERROVIAIRES (du PLM* à la nouvelle ligne TGV)
- TRANSPORTS ROUTIERS (de la via Aurelia à l'autoroute* A7)
- LES PIPELINES (cf. p. 80)

La plupart des monuments* du GR®2013 sont les parties immergées de ces réseaux.

ESPACES NATURELS ET SENTIERS DE RANDONNÉE AUTOUR DU GRAND 8

- NORD : Durance, Alpilles, Lubéron, Ventoux (GR®6 et GR®653)
- EST : Sainte-Baume, Var, Toulon (GR®9 et GR®98)
- SUD : chaîne de la Nerthe, Calanques (GR®51)
- OUEST : Arles, Crau, Camargue

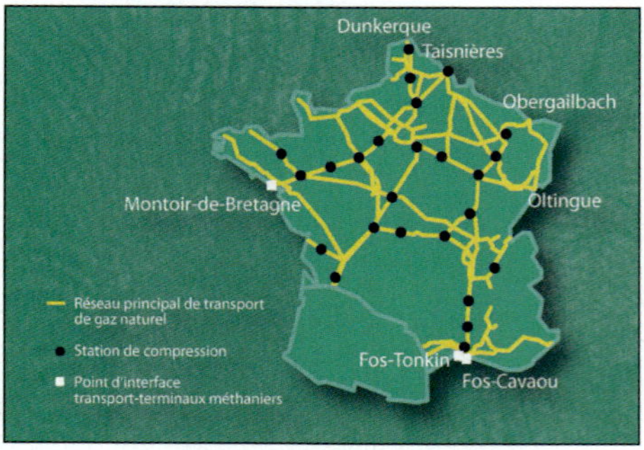

Carte du transport de gaz naturel en France (21e siècle)
CARTO GRTGAZ

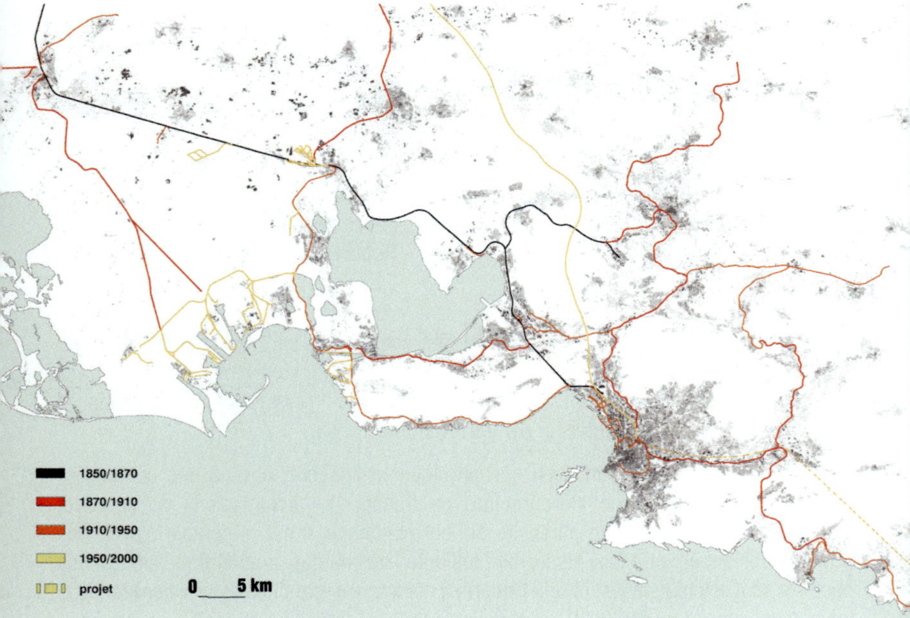

Chronologie - Mise en place du réseau ferroviaire
CARTO **'ATLAS MÉTROPOLITAIN' AUDREY AYAVOU, CÉLINE PEYRARD, EVE-MARIE CHAILLAN 2011**

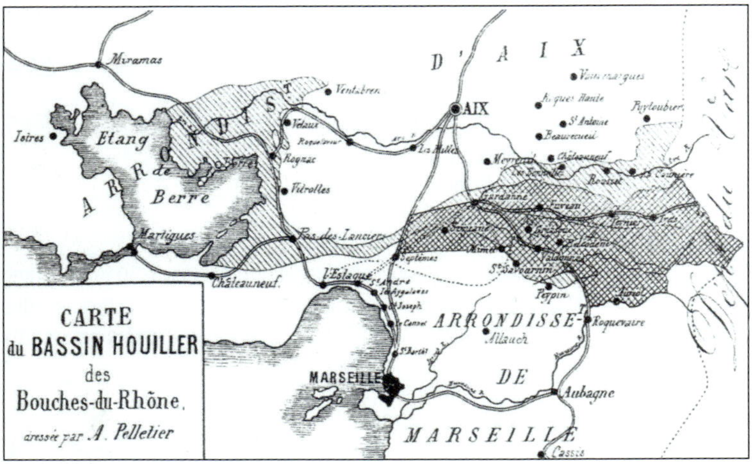

Carte du bassin houiller des Bouches-du-Rhône (19e siècle)
CARTO **ALAIN PELLETIER** IN **XAVIER DAUMALIN, LE BASSIN MINIER DES BOUCHES-DU-RHÔNE 1809-2003, MONOGRAPHIE MINIÈRE, MÉMOIRE DE LA MINE, CULTURE 2000, 2004, 2005**

GR®2013
Dessiner un chemin

« Certains artistes dessinent avec des pinceaux sur une toile, d'autres avec des bulldozers sur des sites. »
– Robert Smithson, artiste, 1938-1973

Comment fait-on un chemin ? L'histoire des chemins se perd en général dans leur réalisation. On les emprunte, et on oublie comment ils en sont venus à se faire. Dans un espace aussi anciennement habité que la métropole marseillaise, les chemins ne manquent pas. Il fallait commencer par les inventorier.

La construction d'un chemin, bien que physiquement légère, obéit à des contraintes comparables à celle d'une infrastructure de transport – autorisations de passage, viabilisation. Pour garantir la pérennité de leur continuité, il est préférable d'éviter les propriétaires privés, et il faut rassembler les autorisations des propriétaires publics. Les chemins sont vivants ; et ils ont une histoire, à commencer par celle de leur genèse. Voici les grandes étapes du GR®2013, un chemin de 365 km réalisé en 36 mois.

- Avril 2010 : projet de GR®2013 proposé par Baptiste Lanaspeze dans le cadre d'une mission d'« éditorialisation de la programmation artistique » commanditée par MP2013
- Juillet 2010 : forme en 8 autour de Berre et de l'Étoile proposée par Nicolas Mémain à l'issue de la réunion de présentation du GR®2013 aux artistes marcheurs
- 3 septembre 2010 : première balade collective des artistes, au plateau de l'Arbois
- Octobre 2010 : découverte du GR® en projet, le « Sentier de découverte de l'étang de Berre » (monté par l'Epareb et CDRP13)
- Septembre 2011 : finalisation d'un premier projet de chemin après 20 journées de repérages collectifs du Cercle des Marcheurs
- 2012 : concertation (Conseil général des Bouches-du-Rhône, 38 communes) et finalisation du tracé (obtention des autorisations de passage)
- Octobre 2012 : homologation du GR®2013 par la FFRandonnée.
- Février 2013 : finalisation du topo-guide
- Mars 2013 : finalisation du balisage

LE GR®2013 : UN READY-MADE

Si le GR®2013 a pu être fait dans des délais aussi courts, et offrir moins de 50 % de bitume en pleine métropole, c'est qu'il existe un Plan départemental d'itinéraires de Promenades et Randonnées (PDIPR) et que, pour 46 %, le GR®2013 est constitué d'itinéraires inscrits au PDIPR ou d'autres itinéraires balisés (cf. carte ci-contre).

LE GR®2013 SE CONNECTE À 4 AUTRES GR® :

- au GR®98, à Bertagne et Sainte-Victoire, cf. p. 137 (cf. *La Montagne Sainte-Victoire à pied*),
- au GR®6, au nord de Salon, cf. p. 61,
- au GR®653A à Aix et à Salon, cf. p. 61,
- au GR®51, à Marseille au niveau de Mazargues-Luminy (cf. *Les Calanques à pied*).

LE GR®2013, UN CHEMIN COMPOSITE (EN HAUT)

État des lieux avant la création du GR®2013 :
En rouge : GR® existants.
En turquoise : autres itinéraires décrits et/ou balisés.
Le GR®2013 est lui-même un itinéraire composite fait de : sentiers existants (en violet), routes randonnées existantes (en bleu), sentiers de randonnée inventés (en vert), routes randonnées inventées en jaune).

HISTORIQUE DU TRACÉ (EN BAS)

Décembre 2010 : orange.
Septembre 2011 : rouge.
Mai 2012 : violet.
Janvier 2013 : bleu.
En vert, les parcs départementaux traversés.

GR©2013
Un territoire usagé

Le geste agricole qui persiste, les traces de la relation homme-animal. Les loisirs, ruraux ou citadins – pêche, escalade, kite-surf, aéromodélisme, ball-trap et minimoto.

Les usages – anciens, récents, contradictoires. Professionnels et récréatifs ; sérieux et futiles. Discrets et envahissants, archaïques ou émergents. Tant d'usages – simultanés ou successifs – si variés, si densément présents dans l'espace, et surtout dans les interstices. Quad, prostitution, chasse, randonnée. Reproduction de l'aigle de Bonnelli. Parcours équestre, minimoto, deal, bronzage.

Un territoire fait de frontières et de passages. Frontières entre particuliers ; frontières entre public et privé. Les barrières – nombreuses, parfois cassées ou contournées.

Un territoire qui est la vaste coulisse – périurbaine – de petits espaces de scène – centres-villes. Des coulisses qui sont souvent des déchets – privés ou publics, officiels ou sauvages.

La violence du territoire. La violence faite au territoire.

Les déblais et remblais, qui redessinent la ligne du sol. L'acte industriel qui travaille l'infrastructure : prend le lignite sous la montagne, la mêle à la bauxite, en tire l'alumine, en rejette autant de boues rouges*. En fait des collines, des terrils, des crassiers. Creuse des galeries, des tunnels. Fait de la soude* avec du sel – rejette du chlore. Puis un siècle après, fait du chlore – et rejette de la soude*. Raffine le brut. Charge, décharge, remue. Mélange, coupe, trace, creuse, transperce, déplace.

Paysage plié, déplié, replié, redéplié. Aux articulations usées. Paysage ridé, plissé. Paysage provençal trafiqué. Paysage déprovençalisé, reprovençalisé. Un paysage bon à jeter. Ou une œuvre d'art ultime.

Un paysage inconnu, qui détourne le regard. Un paysage où ce nouveau sentier de randonnée, comme une lumière arasante, vient se lover. Vient dévoiler les reliefs cachés, les traces, les blessures et les marques. Les bleus. Un paysage nu, sans plus aucune pudeur. Un paysage dévasté. D'une splendeur toute neuve. Un paysage où ce nouveau chemin identifie de nouveaux monuments, de nouveaux points de vue, et va les soumettre à de nouveaux usages – au risque de l'usure.

Le paysage usagé des Bouches-du-Rhône, autour de la mer de Berre et du massif de l'Étoile.

– Baptiste Lanaspeze avec le Cercle des Marcheurs
pour l'Observatoire photographique du paysage.

Les 4 couleurs du territoire

Dans les descriptifs d'itinéraires de ce topo-guide, les objets d'intérêt et monuments apparaissent en caractères gras, dans l'une de ces 4 couleurs. Pour chaque étape, on peut ainsi apprécier la variété des espaces arpentés, et identifier leurs usages dominants.

bâtir

Routes, autoroutes*, ponts, supermarchés : le bâti du 20e siècle. La ville n'est plus un îlot, mais une nappe. Sous l'espace périurbain de la métropole, les traces du bâti antérieur (la ville médiévale, antique, celte).

biotopes

Végétaux spontanés ou cultivés. Animaux d'élevage ou animaux sauvages. L'espace métropolitain est un paysage complexe, fait de biotopes variés (plusieurs dizaines de zones* Natura 2000*), entre "agriculture urbaine" et "tiers-paysage".

eaux

Réseau des réseaux, fondation des fondations, l'eau a sculpté tous les paysages de la métropole (deltas du Rhône et de la Durance), creusé des mers et des vallées. Canalisée et recomposée depuis le 16e siècle, c'est avec elle qu'on dessine la ville.

produire

Production technologique. De la soude* chimique du 18e siècle à la puce électronique, en passant par les raffineries de pétrole et les serres de l'agriculture hors-sol, l'acte industriel modèle les paysages, déblaye, remblaye, dessine, creuse et comble.

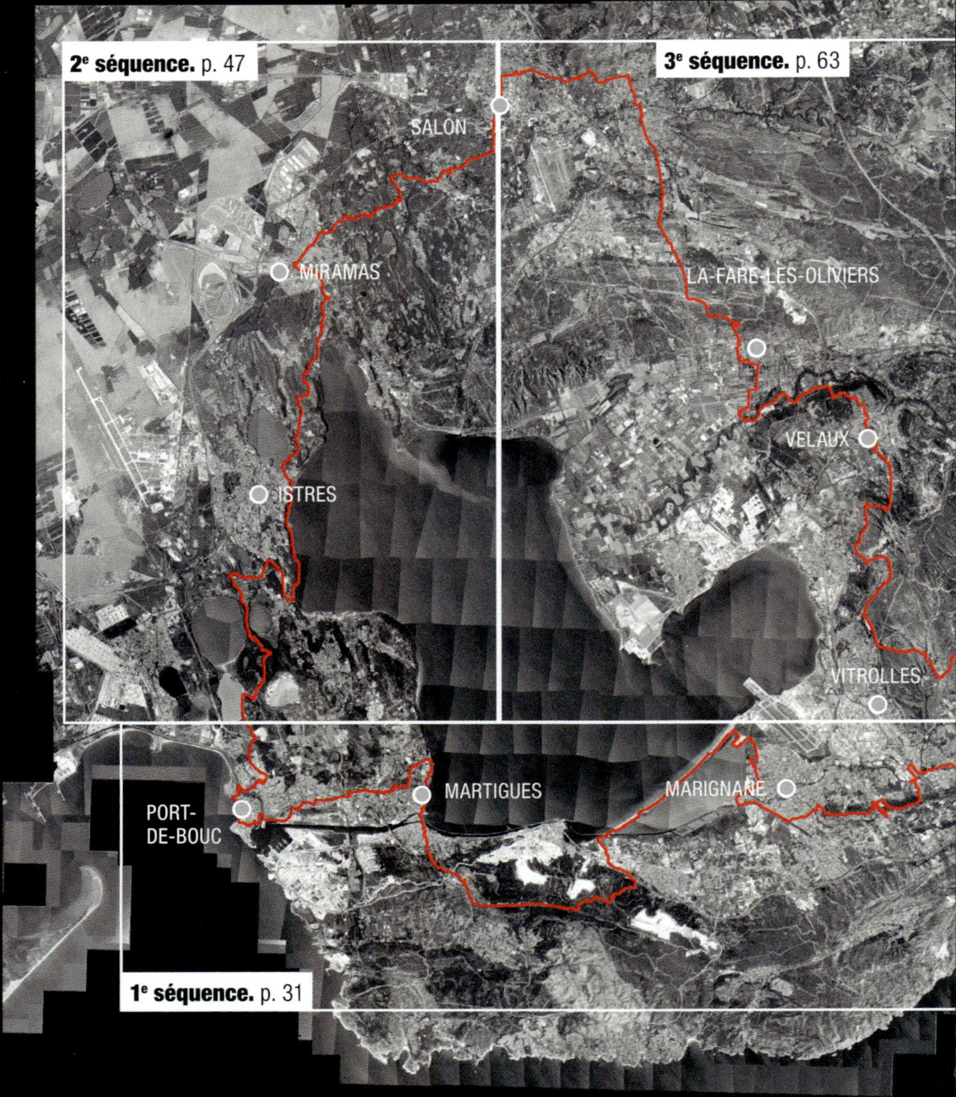

Les 7 séquences du GR®2013

environ 50 km par séquence
(2 à 3 jours de marche par séquence)

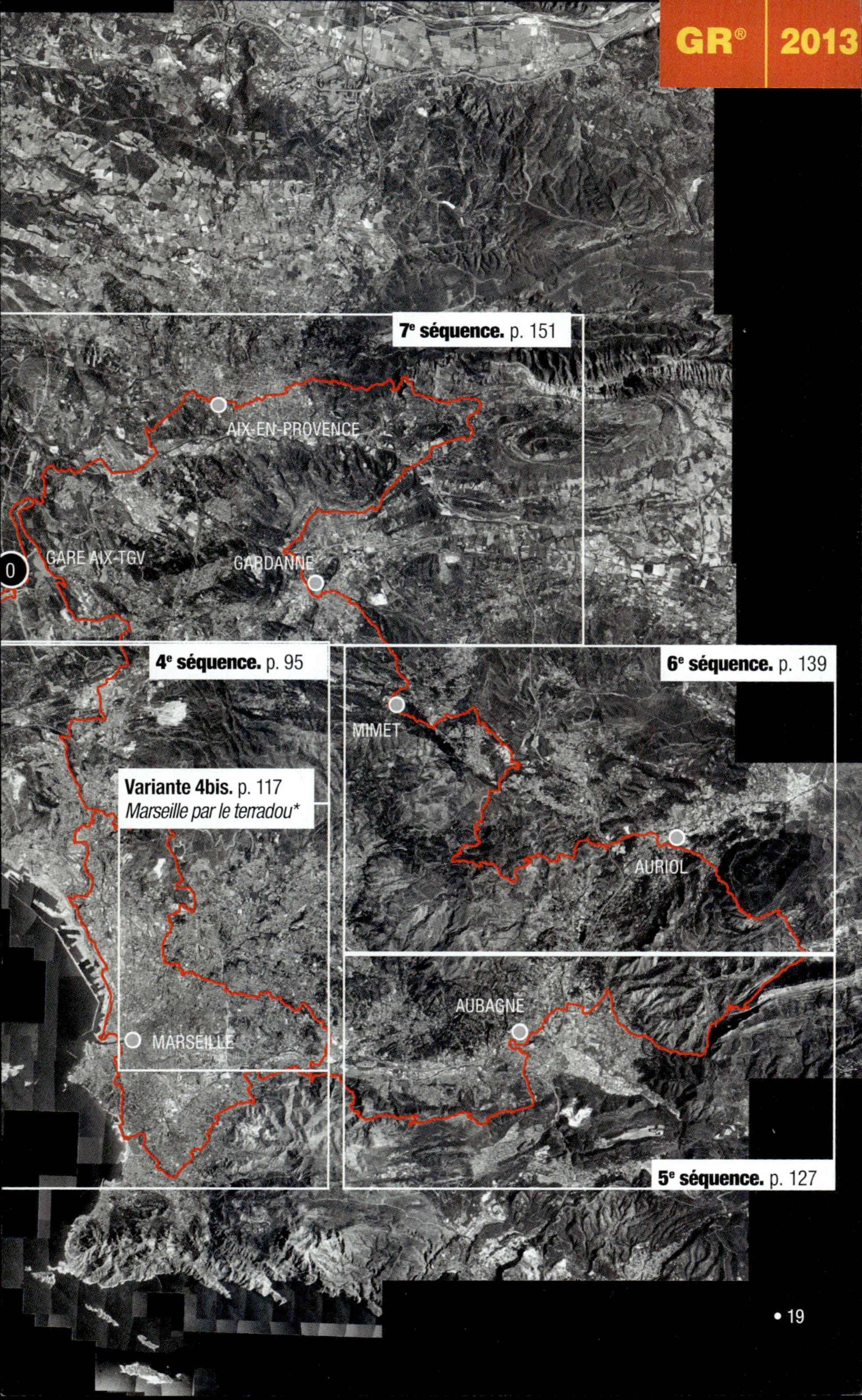
7e séquence. p. 151
AIX-EN-PROVENCE
GARE AIX-TGV
GARDANNE
0
4e séquence. p. 95
6e séquence. p. 139
MIMET
Variante 4bis. p. 117
Marseille par le terradou*
AURIOL
AUBAGNE
MARSEILLE
5e séquence. p. 127

0

Gare Aix-TGV, première journée de repérage, 3 septembre 2010 / PHOTO NICOLAS MÉMAIN

Point zéro
La gare Aix-TGV, centre métropolitain

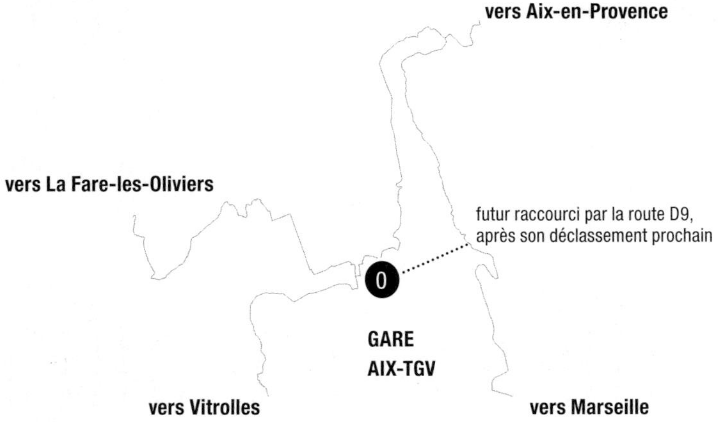

Entre Aix-en-Provence et Vitrolles, entre la zone de Plan-de-Campagne et l'aéroport international de Marignane, la gare Aix-TGV (Atelier des gares, 2001) est au centre du plateau de l'Arbois (alt. 200 m). Classé Natura 2000, le plateau de l'Arbois est également, pour certaines parties côté Berre, en cours d'acquisition par le Conservatoire du Littoral. Traversé par le canal de Marseille, le plateau en porte deux monuments : l'aqueduc de Roquefavour et le bassin de décantation du Réaltor. L'Arbois est un haut-lieu de guerre et de chasses gardées, de charmes et de secrets.*

« Donc ils partiraient pour un mois loin de chez eux, disant adieu aux leurs, comme on part pour n'importe quel pays que l'on veut visiter. Ce serait une balade le nez en l'air. Ils regarderaient les paysages, les admireraient ou les détesteraient suivant les cas, chercheraient les traces du passé, visiteraient les musées et iraient au spectacle si l'occasion s'en présentait, ils essaieraient de saisir la géographie des lieux et des gens : de voir leurs visages. »
FRANÇOIS MASPÉRO, *LES PASSAGERS DU ROISSY-EXPRESS*, SEUIL, 1990

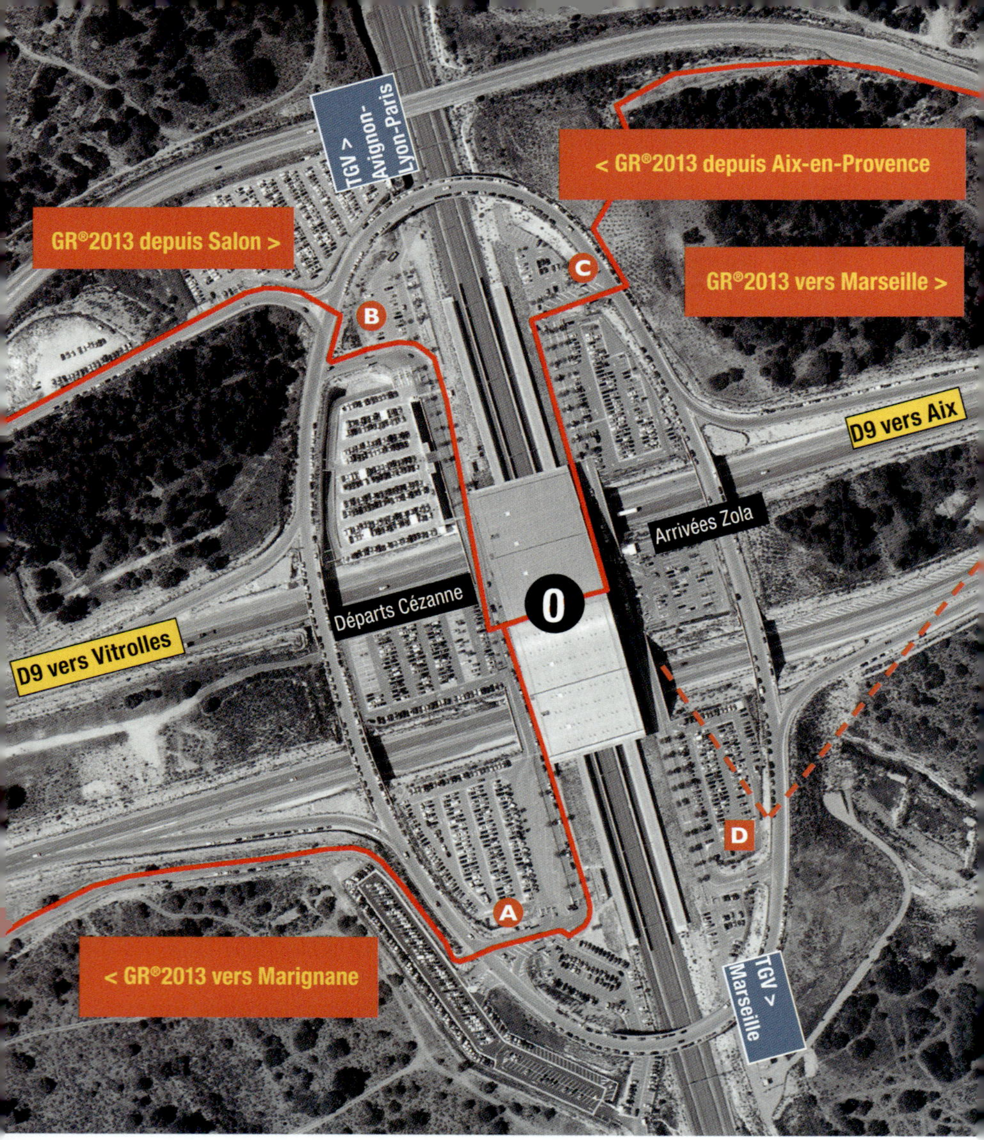

< OUEST
Mer de Berre
BOUCLE DE LA MER DE BERRE
“Départs Cézanne”

EST >
Sainte-Victoire
BOUCLE DU MASSIF DE L’ÉTOILE
“Arrivées Zola”

Point zéro

S'orienter dans la gare Aix-TGV

À la gare Aix-TGV >
TGV toutes les heures vers Marseille, Avignon, Lyon, Paris TGV vers Bruxelles, Strasbourg, Francfort. Cars très fréquents vers Aix-en-Provence et Marignane.

La gare Aix-TGV est au centre du sentier en 8 que propose le GR®2013. Elle permet de passer d'une boucle à l'autre, en traversant les deux voies ferrées du TGV par la passerelle intérieure. Elle est aussi le lieu où l'on traverse la route D9, dangereuse route deux fois deux voies très fréquentée (50 000 véhicules / jour), qui passe sous la gare (Cartreize n° 40 très fréquent vers Marignane et Aix ; Cartreize n° 39 vers Martigues).

Le GR®2013 traverse donc la gare Aix-TGV dans 4 directions, à travers 3 portails :

OUEST / BOUCLE DE LA MER DE BERRE

A Portail Sud-Ouest : direction Marignane
Après le portail, suivre la petite route goudronnée (plein Ouest) qui longe la route D9 sur la plateau en direction du Ball-trap.

B Portail Nord-Ouest : direction Salon
Après le portail, s'engager dans la petite route goudronnée (plein Ouest) qui longe la route D9 sur le plateau.

EST / BOUCLE DU MASSIF DE L'ÉTOILE

C Portail Nord-Est : direction Aix et direction Marseille
Après le portail, traverser le bosquet face à vous.

D *ATTENTION Le portail Sud-Est ne mène pas à un itinéraire balisé du GR®2013, mais au bois communal de Boulard à Cabriès (derrière la route D9 et à travers le lotissement du Lac Bleu).*

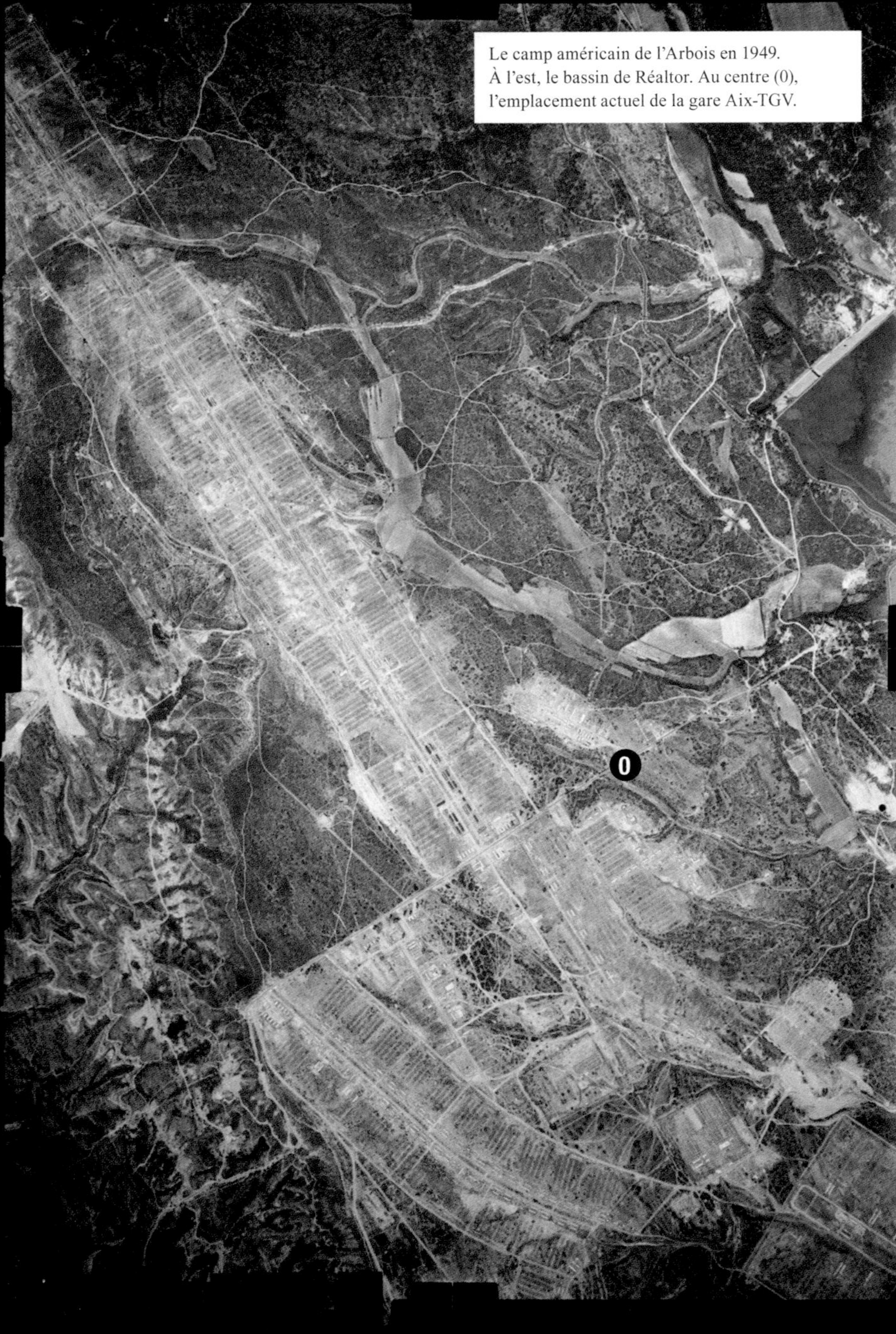

Le camp américain de l'Arbois en 1949.
À l'est, le bassin de Réaltor. Au centre (0), l'emplacement actuel de la gare Aix-TGV.

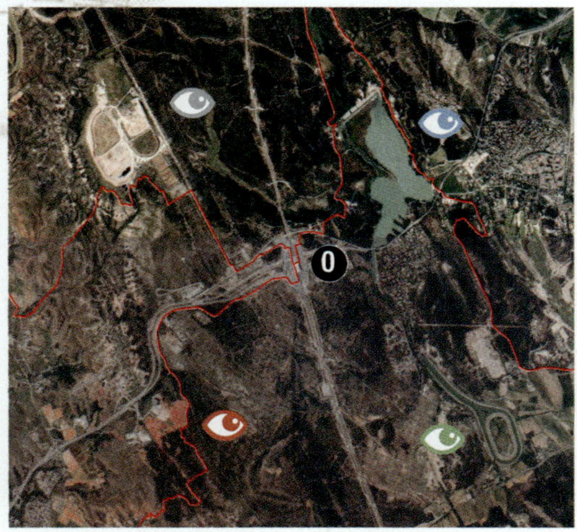

AUTOUR DE LA GARE AIX-TGV,
4 MONUMENTS* MÉTROPOLITAINS

A. Les boues rouges* de Vitrolles
P. 33

B. La déchetterie d'Aix
P. 75

C. Le bassin de Réaltor
P. 97

D. Le centre hippique de Cabriès
P. 97

Voir légende des 4 couleurs p. 17

La gare Aix-TGV, au cœur du plateau de l'Arbois

LA GARE AIX-TGV,
ENTRE 3 COMMUNES
(frontières communales en jaune)

1. Vitrolles
2. Aix
3. Cabriès

Le Camp du Midi

PAR HENDRIK STURM

Quatre-vingt-dix ans avant le camp de l'U.S. Army, le plateau d'Arbois est investi par un camp de rassemblement et d'entraînement de l'armée de Napoléon III. Pendant quatre mois, d'août à la fin novembre 1854, environ 40 000 soldats occupent les 800 hectares du « Camp du Midi ».

La levée du camp (en partance vers la guerre de Crimée *via* le port de Marseille) est peinte par Émile Loubon, le directeur des Beaux-Arts de Marseille et chef de file des peintres du paysage provençal. Loubon envoie ce grand tableau immédiatement à l'Exposition universelle de Paris. Flatté par le sujet militaire, l'Empereur l'achète et le donne au musée de la ville d'Aix. Ce tableau y est toujours.

PHOTO © MUSÉE GRANET

« L'excursion autour de l'étang de Berre est la plus intéressante que l'on puisse faire aux environs immédiats de Marseille, tant au point de vue historique et pittoresque que pour l'étude de la géologie et de la région des étangs. »
PAUL RUAT, *EXCURSIONS EN PROVENCE*, 7^{E} SÉRIE, 1899

La mer de Berre depuis la colline Saint-Étienne (Istres).
PHOTOGRAPHIE **PHILIPPE PIRON**

GR® 2013

La première boucle du GR®2013
Autour de la mer de Berre

Robert Smithson, “Asphalt Rundown” 1969, Rome.

Le terril des boues rouges* (Vitrolles).
PHOTOGRAPHIE GEOFFROY MATHIEU
ET BERTRAND STOFLETH

Première séquence
De la gare Aix-TGV à Port-de-Bouc
48 km

Comment descendre du plateau de l'Arbois vers les rives de la mer de Berre et la Méditerranée, en allant d'une gare TGV à un complexe pétrochimique géant en passant par un aéroport international.

« Heureusement, j'avais pris mon fusil, si bien que, tout en parcourant la ville, je tuai une couple de cailles à la Bourse et un lièvre à la Douane. C'est une ville magnifique que Bouc. »
– ALEXANDRE DUMAS, *NOUVELLES IMPRESSIONS DE VOYAGE : LE MIDI DE LA FRANCE*, 1841

Gare de l'Arbois
Ball-trap
Aéromodélisme
Rvoir
Valbacol
École nationale des sapeurs-pompiers
le Gros Pin
Carrière
Gorge de Cabriès
les Pierres Fauves
le Haut Bois
l'Infernet
Source de l'Infernet
Ravin
les Pinchinades
Cité Haute en Provence
Ravin de la Cardeline
Ancienne mine
la Ferme de Croze
Font Blanche
le Repos
le Croy
Pisc.
Ferme pédagogique
les Barnouins
Parcours sportif
la Billonne
la Renardière
le Grand Verger
Source de Marthe
Ruisseau de Marthe
Ravin des Barnouins
Villa Elisabeth
la Marie-Lou
la Perdrix
Vallon de la Bayle
les Plaines
0
1/25000
500 m
Feuilles 3143 ET
3145 ET
© IGN 2009

De la gare Aix-TGV à Vitrolles (rond-point de Fontblanche) | 8 km | 2 h

À la gare Aix-TGV > (TGV toutes les heures vers Marseille, Avignon, Lyon, Paris TGV vers Bruxelles, Francfort. Cars très fréquents vers Aix-en-Provence et l'aéroport de Marignane.)

1 En face du portail Sud-Ouest de la gare Aix-TGV, s'engager dans la petite route du ball-trap, encombrée de voitures, et suivre cette route qui zigzague à l'ombre des pins pendant un peu plus d'1 km (15 mn). **On surplombe la D9 devenue, depuis la création de la gare, une 2 fois deux voies en tranchée.** Arrivé au parking d'entrée du ball-trap, quitter la route et continuer tout droit en direction du MACAP (Model Air Club d'Aix-en-Provence) et quitter la piste pour arriver en corniche à un point de vue sur le grand paysage de la mer de Berre. **À droite, la déchetterie d'Aix, en lisière de la commune de Vitrolles ; et à gauche, le *practice* de l'École nationale supérieure des officiers sapeurs-pompiers (ENSOSP) avec son faux village, sa tour de contrôle et son bout d'autoroute factice, qui servent aux entraînements en situation (cf. dernière étape du GR®2013 p. 163).** Au bout de ce belvédère, laisser à gauche la route qui mène à la piste d'aéromodélisme (⚠ avions), et poursuivre tout droit pour rejoindre à droite, un peu en contrebas, l'ancienne route départementale, au bitume crevé de plantes sauvages, et coupée en biseau par la nouvelle D9. Descendre cette route sur environ 400 m, puis remonter à gauche dans **l'ancienne "route des camions" de l'industriel Alusuisse, de façon à contourner le terril des boues rouges* par la gauche. Depuis la plate-forme de déchargement des camions, on a une vue sur le cône d'épandage des boues rouges* (cf. p. 132-133).** **Vue sur le cube de béton noir de l'achitecte Rudy Ricciotti : le "Stadium" de Vitrolles, son premier monument punk, lança sa carrière internationale.**

2 À la plate-forme, trouver tout droit une petite sente raide qui descend en bordure des boues rouges* (sans empiéter sur ces terres fortement colorantes), jusqu'à trouver une piste à gauche qui file dans le bois de pins. Quitter ensuite cette piste pour un chemin qui descend à droite. À une piste plus large, la prendre à gauche, jusqu'à un chemin à droite qui part dans les pins. À un carrefour, filer tout droit dans un sentier qui mène à de petites gorges roses. Au niveau d'une ligne électrique, descendre à droite dans les gorges, jusqu'à la source de l'Infernet.

3 **Nichée sous un rocher et contenue par un bassin, la source de l'Infernet est une résurgence de type vauclusien, alimentée par les fuites du bassin du Réaltor. Elle donne naissance à la Cadière, que le GR®2013 tente désormais de suivre jusqu'à son embouchure dans la mer de Berre. Ce cheminement en bord de rivière fut réalisé en même temps que les quartiers de la Frescoule au début des années 1980. « Les jeunes gens de Vitrolles aimant à se rendre à la source, il fallait en garantir l'accès. » (Georges Demouchy, paysagiste).** La descente au bord de la Cadière commence par les gorges de Cabriès assez sauvages, puis le chemin se resserre vite le long des terrains des maraîchers, jusqu'au croisement avec une route. **Ici, observer les anciennes prises d'eau de l'irrigation agricole, dont les béals été conservés dans la ZAC de la Ferme de Croze, aménagés en filets d'eau.**

4 À ce croisement, continuer tout droit, et longer pendant 300 m l'arrière du lotissement, à travers de belles prairies. **Un détour de 100 m à droite permet d'accéder à l'ancienne bastide de la ferme de Croze (aujourd'hui centre social du quartier), qui offre un point d'eau (robinet) et l'ombre de ses platanes pluricentenaires.** Après les grandes prairies, prendre à droite l'avenue Jean Monnet (ancienne route nationale), jusqu'au rond-point de Fontblanche.

Philippe Matheron (1807-1899)
PHOTO D.R.

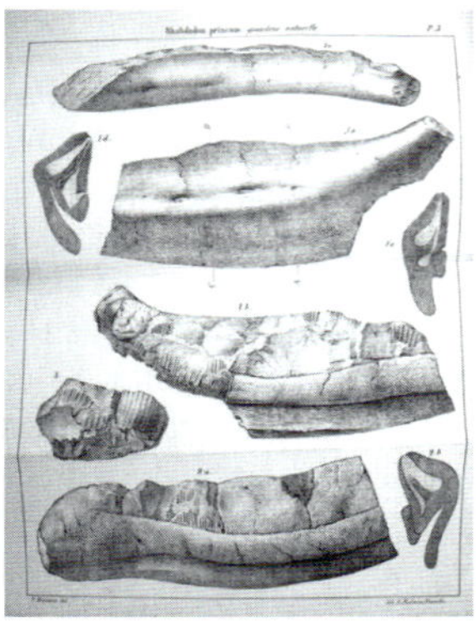

Planche publiée par Philippe Matheron en 1869, montrant des mandibules du dinosaure ornithopode Rhabdodon provenant du Crétacé supérieur des environs de Marseille.
DESSIN PHILIPPE MATHERON

De Vitrolles (rond-point de Fontblanche) au Pas-des-Lanciers | 7,5 km | 2 h

Au rond-point de Fontblanche (Vitrolles) > (Cartreize n°89 vers Marseille)

5 Au rond-point de Fontblanche, entrer dans **le domaine de Fontblanche par la grande allée de platanes**, et la suivre tout droit jusqu'au **plan d'eau de la Tuilière**. Longer le plan d'eau sur la gauche, par un sentier en bordure, jusqu'à un petit kiosque, en face du **passage de la Cadière sous l'A7** (voir p. 77, vignette n°9).

6 Au kiosque, l'itinéraire balisé ne traverse pas l'A7 en suivant la rivière à gué (crues décennales). Pour contourner ce danger de noyade, enjamber un petit ruisseau à droite, pour s'engager dans un sous-bois pendant environ 150 m et rejoindre une petite route avec trottoir (le lotissement de l'Anjoly), puis le suivre jusqu'au pont au-dessus de l'A7. (⚠ Traverser ce pont sur le trottoir avec précaution, passage de poids lourds). Après le pont, continuer tout droit jusqu'à dépasser la station-service Total, puis tourner immédiatement à gauche dans la zone* industrielle de l'Anjoly. Au fond de la voie d'Italie, on retrouve **les rives de la Cadière**. Au premier pont, filer à gauche et longer la D47A vers la gauche jusqu'à trouver rapidement l'arrêt de bus « Les Sybilles ».

7 Traverser avec prudence la D47A ⚠ par le passage clouté et emprunter la petite route, direction « Les Sybilles ». Suivre la rue des Sybilles, qui fait un coude, jusqu'à ce que la route laisse la place à une piste (barrière). S'engager tout droit dans cette piste, qui s'élève en méandres vers **la crête de la cuesta* des Pennes, offrant au passage de belles vues sur la plaine urbaine et la ripisylve de la Cadière**. Poursuivre la ligne de crête jusqu'à un calvaire qui offre une vue panoramique **sur la conurbation Vitrolles-Marignane-Saint-Victoret. On est dans l'axe des pistes de l'aéroport Marseille-Provence de Marignane. L'industrie aéronautique est, comme les santons, une activité ancienne en Provence. C'est sur la mer de Berre, à la Mède, qu'Henri Fabre inventa l'hydravion en 1910. La première gare aérienne s'installe dans la cuvette de Vitrolles dès les années 1920. En 1937, l'État nationalise l'industrie aéronautique – création de la SNCASE* – et l'étang de Vaïne devient la plus grande base d'hydravions de France. C'est sur cet héritage qu'Eurocopter, premier fabricant d'hélicoptères civils du monde, emploie aujourd'hui 8000 personnes.** 100 m après le calvaire, à la fourche, prendre le chemin qui descend à droite et, au niveau de la carrière, continuer à descendre à droite pour contourner la carrière. Au croisement avec une piste, prendre à gauche. La piste devient une rue, jusqu'à la gare de Pas-des-Lanciers. L'itinéraire balisé ne traverse pas directement la gare par le souterrain ouvert aux voyageurs, mais fait un détour d'1 km par un pont, au bord d'une route monotone et dangereuse ⚠. **Le tunnel de Pas-des-Lanciers à travers la colline de la Nerthe a été réalisé pour la ligne PLM* entre 1843 et 1848. Le percement du tunnel, formidable coupe industrielle de 4 638 m, avait été accompagné d'un relevé des couches géologiques, et du dessin quotidien des fossiles, par le géologue et agent voyer Philippe Matheron (1807-1899). Matheron s'interrogea sur « les os d'un saurien de taille colossale », le Rhabdodon priscus, et les œufs fossiles de lézards géants, alors inconnus. C'est ici, sous le massif de la Nerthe, qu'a été confirmée l'hypothèse de l'existence des dinosaures.**

0 1/50000 1 km
Feuille 3144
© IGN 1997
Aéroport de Marseille-Marignane
MARIGNANE
ST VICTORET
GIGNAC LA-NERTHE
CHÂTEAUNEUF
Étang de Bolmon
le Jaï
Petite Bourgue
Grande Bourdigue
Bourdigue de Châteauneuf
Grande Estrade
les Beugons
la Signore
l'Estéou
St Pierre
les Raumettes
la Glacière
les Richauds
la Plaine de Notre-Dame
Auto-cross
Montretout
les Florides
Bausset
Zone industrielle de la Palun
Bastide de la Palun
Aéromodélisme
Club nautique
Port
la Palunette
Centre commercial
Zone Industrielle de la Valampe
la Mariotte
Valampe
les Tourels
Farren
le Bosquet
les Laurens
la Viguière
le Ménage Neuf
les Maurs
les Granettes
Figuerolle
Capeau
N 568
D 48
A 55
8
9
10
11
12
13
14
006
007
008
009
010
011

Du Pas-des-Lanciers à Marignane — 7 km — 1 h 50

Au Pas-des-Lanciers > (TER toutes les heures vers Marseille)

8 Face à la gare Pas-des-Lanciers, juste avant le bar-restaurant Noël, emprunter le boulevard de la Gare et, au bout de 100 m environ, prendre à gauche la rue Costes jusqu'à la barrière. Au bout du square Jean-Marie Le Duff, monter à gauche vers l'antenne-relais pour **retrouver la crête de la cuesta***. Le chemin de crête mène au réservoir «Marignane» (vue à 360°), puis longe de la ligne de téléphone pendant environ 500 m. **On est sur la « route du sel » celte qui relie Fos à Marseille.** À un croisement avec une route (deux bouches et une borne de pompier), rester à gauche au plus près de la crête, en longeant une clôture qui borde un terrain de tennis abandonné; puis continuer la crête entre les deux grillages (surplomb au Sud, ancienne carrière au Nord). Après s'être rafraîchi à un brumisateur sauvage, ignorer une route à droite pour atteindre, par un raidillon à gauche, la première table d'orientation de Notre-Dame de Pitié (point d'eau devant la porte de la chapelle). **Depuis cet oppidum*, vue panoramique sur la métropole celte de la mer de Berre (voir p. 70-71).**

9 Au niveau des gros réservoirs, emprunter une piste qui descend en pente raide jusqu'à quelques villas et une route (barrière). Partir vers la gauche, puis prendre à nouveau la première à gauche (direction « La Chaume »). Au rond-point, prendre à droite puis tout de suite à gauche au premier croisement (pont au-dessus du Raumartin), direction « Le Carestier ». Après le passage à niveau, **l'ancien abattoir industriel (1914, noter la rampe destinée à l'arrivée des bêtes), le collège Émilie de Mirabeau (Jean-Luc Perez architecte, 2003)**, puis traverser l'avenue des Combattants et se diriger à droite sur quelques mètres et prendre à gauche, direction « Le Carestier ». Une piste cyclable plantée mène au **canal du Rove.**

10 Juste avant le pont bleu, suivre le sentier à droite, en surplomb du canal. Au passage à niveau, continuer la route et retrouver le chemin après un petit escalier. Le chemin suit les berges jusqu'à l'élargissement du canal : à partir du port de Marignane, suivre la piste cyclable qui fait une boucle à l'extrémité occidentale de Marignane, par la balade des familles (village des pêcheurs). Après **les rives du Bolmon et l'embouchure de la Cadière**, on débouche sur l'avenue du Général-de-Gaulle (100 m après le stade).

De Marignane à Châteauneuf-les-Martigues — 10,5 km — 2 h 45

À Marignane > (À la gare routière : cars fréquents vers Marseille)

11 Suivre l'avenue du Général-de-Gaulle sur un sentier urbain à côté d'une piste cyclable. Au rond-point planté de 4 gros micocouliers, trouver légèrement à droite du rond-point un petit chemin en bordure d'un champ. Au bout du premier champ, prendre à gauche jusqu'à des villas, puis à droite jusqu'à une petite route goudronnée. Tourner à droite, et suivre cette route jusqu'à **la déchetterie. Observer l'aéroport et les deux immenses hangars dits Boussiron (Auguste Perret avec Nicolas Esquillan, 1951, 100 m de portée)**. Contourner la déchetterie par la gauche **(vues sur l'étang de Bolmon)**. 100 m après l'observatoire à oiseaux, à une piste, la prendre à gauche. Après le petit gué fait de traverses, on est sur le **cordon dunaire du Jaï**; filer à gauche. Au bout de la rue à droite, mairie de secteur puis camping. (Attention aux moustiques à l'automne.)

12 **Suivre le Jaï par la rue puis par le littoral (en restant côté Berre, car le côté Bolmon est classé Natura 2000 et sanctuarisé).** Au bout du Jaï, après le pont, suivre la petite route goudronnée pendant 1 km jusqu'au rond-point de la Glacière.

0
1/50000
1 km
Feuilles 3144
3145
© IGN 1997
N
012
013
014
015
016
017
018
019
13
14
15
16
17
18
MARTIGUES
Jonquières
Ferrières
la Mède
Canto-Perdrix
Touret de Vallier
Lycée
Tholon
Bourdigue de Châteauneuf
Île des Trois Frères
Zone Industrielle de la Valampe
Centre commercial
Échangeur de la Mède
Échangeur de la Mède-Ouest
Demi-Échangeur de Martigues-Centre
Échangeur de Martigues-Sud
Canal de Navigation de Marseille
Raffinerie de pétrole
Plaine d'Escourillon
Plaine de Boutier
Plaine Courouche
Mourre du Bœuf
la Bâtarde
Valampe
la Mariotte
la Palunette
Grand Léou
Port de plaisance
Club nautique
Ponts mobiles
Ste-Anne
St-Lazare
Station V.O.R.
Karting
les Ventrons
Cornes
la Sabatière
les Réveilles
les Féraud
Cheillans
les Tourels
Barboussade
A 55
N 568
D 49a
10
09
08
07
06
05

De Châteauneuf-les-Martigues à Martigues 13,5 km 3 h 40

À Châteauneuf-les-Martigues > (Cartreize n°34 vers Martigues et Marseille ; Cartreize n° 39 vers Aix)

13 Au rond-point de la Glacière, suivre l'avenue de la Fauconnière. Remarquer une importante installation dont on va s'éloigner : **la raffinerie de la Mède, dite aussi « raffinerie de Provence ». Construite par la Compagnie française de raffinage puis mise en route en juin 1935, elle est reliée depuis 2006 au complexe de Lavéra par 6 pipelines permettant des échanges de produits. La capacité de raffinage est passé de 400 milliers de tonnes de pétrole brut en 1935 à 6,2 millions de tonnes aujourd'hui.** Après un centre commercial, longer la voie ferrée pendant quelques mètres puis la traverser à droite. Dépasser le moto-cross pour emprunter à gauche un chemin, dans des bois, qui longe **l'autoroute A55 (Marseille-Martigues)**. À la route, partir à droite, passer sous un viaduc autoroutier et continuer à gauche pendant 400 m sur une petite route qui s'élève au-dessus de l'autoroute. Trouver ensuite à droite un chemin assez large qui s'élève entre de beaux rochers.

14 Bifurquer à droite sur un chemin forestier qui monte vers un plateau (alt. 200 m). Une fois parvenu sur le plateau, poursuivre sur 200 m et descendre à droite pour emprunter le vallon de Maximin. Le suivre à gauche jusqu'à la piste du vallon de Valtrède, autrefois nommé « petit chemin de Martigues à Marseille ».

15 Suivre à droite le large chemin, il passe devant le **grand réservoir d'eau de la Société du Canal de Provence (avec un objet architectural 1965)**. Continuer pendant presque 4 km (1 h) sur cette grande piste, parfois revêtue, en ignorant toutes les autres directions. **Hors GR (4 km A/R) : 1,50 km après le grand réservoir, un chemin à gauche permet d'atteindre le village de Saint-Julien, et d'apercevoir la grande plaine agricole de cultures maraîchères de Saint-Julien et Saint-Pierre, qui s'étend sur 974 hectares (10 agriculteurs y cultivent céréales, légumes et vignes). La coopérative viticole de Saint-Julien récupère le raisin de toute la plaine mais aussi ceux de Châteauneuf, de Saint-Mitre et d'Istres (AOC Coteaux d'Aix-en-Provence). On peut également remarquer la chapelle Saint-Julien (sur les vestiges d'un mausolée antique en pierre de la Couronne du 1er siècle après J.-C.).**

16 Monter à droite avec la piste DFCI CB204. Après un virage en épingle, quitter le sentier PR (balisage jaune) et prendre à droite (vers le nord) jusqu'à la fin de la piste, en observant de beaux points de vue sur **Martigues, le canal de Caronte et les ponts**. Franchir une barrière et passer sous le viaduc autoroutier.

17 Continuer tout droit rue Sylvia-de-Luca, puis trouver à droite le petit escalier qui permet de traverser la **cité des Deux-Portes (gestion 13 Habitat)**. Poursuivre en face par le boulevard Voltaire, jusqu'au bout, puis descendre un petit escalier qui descend sur l'avenue Émile Zola. Traverser cette avenue et la suivre à gauche ; et juste avant la MJC de Martigues, prendre la première à droite : la traverse Joseph Barthélémy, qui serpente calmement entre de jolis pavillons. Avenue Frédéric-Mistral, filer à gauche, jusqu'au début du cours (boulangerie). Rejoindre à droite le quai Général-Leclerc, vue sur la mer de Berre. Le suivre vers la gauche (restaurant « Taberna a Tapas »), pour traverser d'abord le canal Gallifet par le **pont basculant de Martigues (André Arbus architecte, 1962)**, puis le canal Baussenque par le pont fixe de droite jusqu'à la place des Aires (gare routière).

TGV Marseille-Paris, levage de Tétrodon, et autres substances

Posted by Denis Moreau on 2011/10/23

J'ai passé mon retour en TGV à discuter avec un Kabyle d'Aubervilliers qui fais comme moi plusieurs trajets Paris Marseille par mois. Il est dans le demi-gros de prêt à porter du côté de la Haie Coq et il vient d'ouvrir une boutique place des Capucins à Marseille. Il travaille avec les Chinois, qui font livrer la marchandise à Anvers au lieu de Marseille, comme il serait logique... On refait donc le monde ensemble en parlant de logistique portuaire, d'urbanisme et de la route des containers chinois (Chine, Anvers, Paris, Marseille), et de l'évolution de Belsunce et Marseille en général. De quoi actualiser quelques bouquins de Péraldi qui semblent en avoir besoin. Je suis bien content de tomber sur ce collègue du RER atomique étant donné que je viens d'apprendre que je prépare une nouvelle promenade sur Paris-Nord-Est, ce qui me motive grandement !

En plus de ça, je suis allé manger pour quatre euros et en dix minutes aux « Aurès » – après la réunion TDR et avant mon train – une cantine de Belsunce impeccable... Cela m'a donné envie de prendre un billet low cost pour quelque part dans le Maghreb afin de continuer mon travail d'immersion, commencer par exemple un chantier « banlieuedetanger ». De retour de l'aéroport de Beauvais-Tillé cet après-midi, j'entends parler des manifs qu'il y a là bas sur RFI.

Quant aux containers en général, il y a l'épisode levage du Tétrodon, animal que l'on aperçoit ici, et qui possède une structure de container malgré ses grosses joues. Lui aussi, le Tétrodon, il catalyse une histoire d'immersion, celle de l'équipe en train de se constituer dans les territoires de Fos-sur-mer / PDB / Martigues et environs, voire se perdre dans les marais, les zones chimiques, ou les sables mouvants des demandes de subventions.

Mes promenades d'octobre

Posted by Denis Moreau on 2010/11/18

Je reçois un message de Philippe enthousiasmant : ArcelorMittal investit 100 millions d'euros à Fos...
En voilà une bonne nouvelles !! c'est les p'tits z'oiseaux qui vont être contents !!
Je plaisante... (même pas drôle).

Vive l'industrie,
LOURDE !!!
(Et puis c'est important qu'il en reste un peu ici tout de même.)

En attendant mon prochain voyage à Fos-sur-Mer (plage de Saint-Gervais), les images de 3 promenades d'octobre sont consultables sur le site de banlieuedeparis.org.

Viva le grand « Pas Marseille », Viva « PSL / 4XL » !
Viva le grand « Pas Paris » !!

Et pour ceux qui ne comprendraient rien au fait que banlieuedeparis se retrouve à traîner dans la première zone pétro-chimique d'Europe... allez voir le site de l'association "Par ce passage, infranchi".

0
1/25000
500 m
Feuille 3144 OT
© IGN 2009
MARTIGUES
Ferrières
Jonquières
Ste-Anne
le Brise-Lames
la Rode
Tholon
Source de l'Arc
Éc. de voile
Lycée
Centre commercial
Canto-Perdrix
les Estandadous
Chapelle
N.-D. des Marins
les Moulins
les Rayettes
St-Macaire
Réveilla
Vallon du Pauvre-Homme
Crématorium
Pouane
St-Jean
Croix Sainte
la Coudoulière
St-Roch
Paradis
Hôtel de ville
Canal Baussengue
Canal Galiffet
Pont mobile
Chenal de Caronte
Viaduc de Caronte
Pointe de Monsieur Marchand
Pointe de Monsieur Laurent
Port à sec
Zone Industrielle de Martigues Sud
St-Genest
Font Sarade
Campeu
Fabrique
A 55
D 50c
18
19
20
21
22
23
020
021
022
023

De Martigues à Mas de Pouane (gare de Croix-Sainte) | 7,5 km | 2 h

À Martigues > (Cartreize n°34 vers Marseille et n° 39 vers Aix)

18 Depuis la place des Aires, traverser le square pour rejoinder la rive de la mer de Berre. Marcher 1 km vers le Nord. **Vue sur les raffineries, complexes pétrochimiques et dépôts pétroliers de Berre (vers le Nord-Est) et sur ceux de la Mède (Sud-Est). Entre les deux, plus loin plein Est, on aperçoit le massif de l'Étoile et Sainte-Victoire.** Après le jardin public de la Rode, rejoindre la route, puis suivre la direction Salon. Descendre à droite l'avenue Mozart ; au bout, rejoindre le lavoir de Tholon récemment restauré. **Après le lavoir, de possibles vestiges de Maritima Avaticorum (vaste agglomération gallo-romaine).**

19 Du lavoir, suivre le rivage légèrement en surplomb (site archéologique). Descendre ensuite le long du grillage de l'école de voile de Martigues, que l'on traverse. **Tourner à gauche après le stade. Continuer tout droit et traverser la route d'Istres. Sur la zone* commerciale, contourner un premier rond-point par la gauche et monter en direction du McDonald's. Passer le long de la station-service. Monter l'avenue Francis-Turcan qui longe la copropriété Le Colimaçon. Descendre le talus et emprunter un petit tunnel piéton. Continuer tout droit entre le centre social et le stade.** Monter dans la pinède, traverser la route, prendre à droite, et au carrefour, emprunter, légèrement sur la droite un chemin à flanc de colline, face au grand ensemble, puis bifurquer à gauche en direction du Moulin. **Vue sur le grand ensemble monumental Notre-Dame-des-Marins (plan masse et équipements de l'urbaniste Michel Ecochard, atelier Delta architectes).** Laisser le sentier d'accès au moulin (détour possible, vue plongeante sur Ferrière) et, après le virage à droite, prendre un sentier à gauche en direction de la chapelle. Suivre un chemin plus large à gauche. Prendre à droite un sentier étroit, puis l'escalier.

20 Depuis la chapelle, rejoindre son accès routier. **Sur cette ligne de crête, vue sur Martigues des deux côtés de la colline.** Prendre à gauche la première piste qui descend en direction du viaduc, puis à droite en direction des lignes haute tension, laisser un bunker sur la gauche, et contourner le pylone. **Vue d'ensemble sur les zones* industrielles de Croix Sainte et Lavéra, Port-de-Bouc, chenal de Caronte et port pétrolier de Lavéra.** Sur la gauche, lacets jusqu'à la route. Prendre à droite puis emprunter le passage piéton qui descend face au foyer l'Adret. Traverser le boulevard, puis le suivre à droite, en longeant l'hôpital (arrêt de bus).

21 Au premier carrefour, rester à gauche le long des grilles de l'hôpital pendant 50 m environ, puis s'engager tout droit sur 1 km (boulevard Marcel-Paul). Au niveau de l'arrêt du bus l'Astrée, **très belle cité ouvrière sur la droite.** Dépasser un rond-point, puis à l'extrémité du boulevard du Groupe-Manouchian, tourner à gauche chemin du Vallon du Pauvre-homme puis, à droite, chemin des Fabriques (⚠ route dangereuse). Après les pipelines, passage piéton puis tunnel piéton sour la voie rapide.

22 En sortant du tunnel, entrer à droite dans **le quartier Mas de Pouane (Poutu et Lajarrige architectes)**, continuer tout droit en direction d'un city stade central que l'on contourne par la gauche.

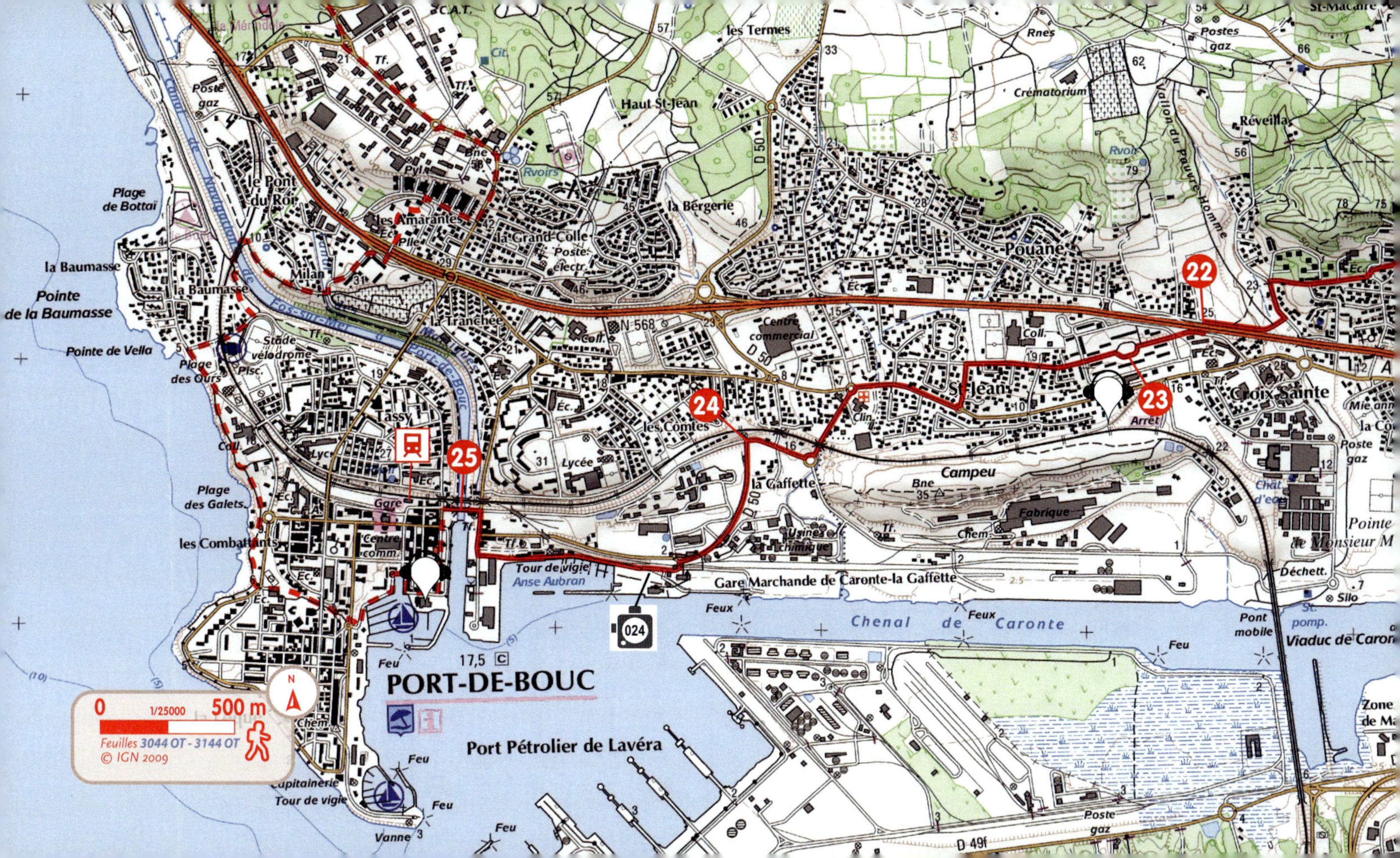
PORT-DE-BOUC
Port Pétrolier de Lavéra
Chenal de Caronte
Gare Marchande de Caronte-la Gaffette
Tour de vigie
Anse Aubran
la Gaffette
Campeu
Fabrique
Usines chimique
St-Jean
Croix Sainte
Pouane
la Bergerie
Haut St-Jean
les Termes
Crématorium
Vallon du Pauvre Homme
Réveilla
les Comtes
Lycée
Tassy
Gare
Centre comm.
la Grand-Colle
les Amarantes
le Pont du Roi
Milan
la Tranchée
Centre commercial
Stade vélodrome
Plage de Bottai
la Baumasse
Pointe de la Baumasse
Pointe de Vella
Plage des Ours
Plage des Galets
les Combattants
Capitainerie
Pointe de Monsieur M
Viaduc de Caronte
Pont mobile
Canal de Navigation de Fos-sur-Mer à Port-de-Bouc
22
23
24
25
024
0 1/25000 500 m
Feuilles 3044 OT - 3144 OT
© IGN 2009

Le site de Lavéra vu depuis le Campéou.
PHOTO PHILIPPE PIRON

De Mas de Pouane (gare de Croix-Sainte) à Port-de-Bouc | 3,5 km | 50 mn

À Mas de Pouane > (Gare de Croix-Sainte à 300 m : au niveau du stade, prendre à gauche puis tout droit. TER vers Marseille par la côte Bleue)

23 Depuis Mas de Pouane, continuer tout droit allée des Ajoncs. Au rond-point, prendre à gauche, avenue du Mas-Saint-Jean puis à droite route de Port-de-Bouc. (Arrêt des bus 22/27 Campeu.) Après l'arrêt Saint-Jean, prendre à gauche. Juste après être passé sous les voies ferrées, virer à droite. **Observer la rivière de la Gafette qui marque la frontière administrative entre les communes de Martigues et Port-de-Bouc aux identités si tranchées.**

24 Au carrefour, prendre à gauche en direction de « Port de Pêche / Z.A. anse Aubran ». La route traverse les sites fortement pollués de **l'ancienne usine Azur Chimie (spécialisée dans le traitement du brome), fermée et démantelée en 2010 après un siècle d'activité, laissant une vaste friche industrielle de plus de 10 ha, en cours d'acquisition par la ville**. Au passage à niveau, tourner à gauche et ensuite à droite, en direction de « Port de pêche ». Rester sur la route qui longe les quais pendant environ 1 km (15 mn). Au bout de la route, prendre à droite pour emprunter **le pont sur le canal d'Arles à Bouc**.

25 **Le canal d'Arles à Bouc débouche dans le chenal de Caronte dans un bel alignement classique sur le fort de Bouc.**

Plage des Combattants, Port-de-Bouc.
PHOTOGRAPHIE GEOFFROY MATHIEU
ET BERTRAND STOFLETH

Deuxième séquence
De Port-de-Bouc à Salon
48 km

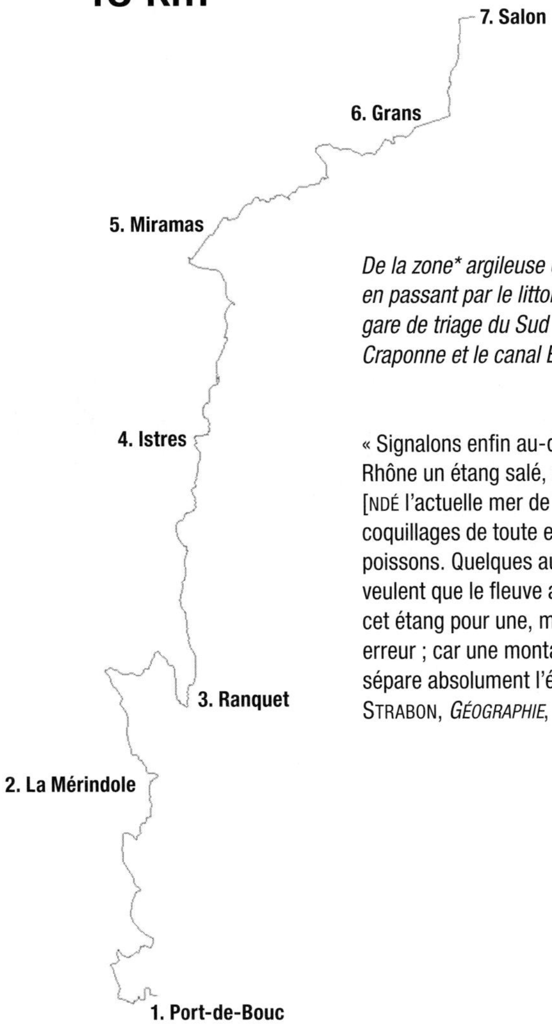

De la zone argileuse des étangs à la Crau humide, en passant par le littoral istréen et la plus grande gare de triage du Sud de la France ; par le canal de Craponne et le canal EDF.*

« Signalons enfin au-dessus des bouches du Rhône un étang salé, qu'on nomme le Stomalimné [NDÉ l'actuelle mer de Berre], et qui abonde en coquillages de toute espèce, ainsi qu'en excellents poissons. Quelques auteurs, ceux-là surtout qui veulent que le fleuve ait sept bouches, comptent cet étang pour une, mais c'est là une double erreur ; car une montagne s'élève entre deux, qui sépare absolument l'étang du fleuve. »
STRABON, *GÉOGRAPHIE*, LIVRE IV (1ER S. AV. J.-C.)

Engrenier
Pichotty
Maison Forestière de Castillon
Entrep. hydroc.
Parcours sportif
Carr.
Mer
Engrenier
Valentoulin
Centre d'enfouissement technique
Chât. d'eau
la Mérindole
les Arcades
Poste électr.
D 50b
C.A.T.
la Mérindole
Poste gaz
Cit.
les Tern
Haut St-Jean
Rvoirs
Plage de Bottaï
le Pont du Roi
les Amarantes
la Bergerie
la Grand-Colle
Poste électr.
la Baumasse
Pointe de la Baumasse
Milan
la Baumasse
la Tranchée
N 568
Coll.
Pointe de Vella
Stade vélodrome
Plage des Ours
Pisc.
Canal de Navigation de Fos-sur-Mer à Port-de-Bouc
Tassy
les Comtes
Lycée
Coll.
Plage des Galets
Gare
les Combattants
Centre comm.
le Canal
Tour de vigie
Anse Aubran
Gare Mar
Feux
Feu
PORT-DE-BOUC
Lèque
Port Pétrolier de Lavéra
Chem.
Capitainerie
Tour de vigie
Vanne
0
1/25000
500 m
Feuilles 3044 OT - 3144 OT
© IGN 2009

De Port-de-Bouc à La Mérindole | 6 km | 1 h 30

À Port-de-Bouc > (Gare SNCF à 100 m, tout droit après le pont. TER vers Marseille et Miramas. Possibilité à Miramas de rejoindre Marseille via Rognac, et de boucler ainsi le tour de la mer de Berre en train)

1 Après le pont, tourner à gauche et longer les terrasses jusqu'à la mairie. Poursuivre le cours Landrivon, tourner à droite aux grilles de **l'ancienne criée (Émile Pamart architecte)**. Faire le tour du port puis rejoindre les marches. **Ancien site des chantiers navals, où ont lieu tout l'été les fameuses sardinades !** Traverser la rue et emprunter un passage piéton qui passe ensuite sous la route, puis tout droit. **Au fond, les trois réservoirs du terminal gazier de Cavaou.**

2 Prendre le sentier littoral à droite. **Vue d'ensemble sur le complexe industriel de Port Saint-Louis à Fos.** À gauche, fine ligne de sable entre ciel et mer, la plage Napoléon. À un petit parking, rester sur le chemin du littoral en suivant **les pipelines d'éthylène, saumure, oxygène, azote, hydrocarbure**. Après un collège, on retrouve la route. La traverser puis, 100 m plus loin, emprunter le chemin de la Plage à droite et passer sous le tunnel de la voie ferrée.

3 100 m après le tunnel, tourner à gauche en surplomb du canal d'Arles à Bouc. On va rejoindre le stade aux grilles jaunes de l'autre côté du canal en passant par une passerelle située de l'autre côté du pont de chemin de fer. Descendre à mi-hauteur juste avant la voie ferrée et emprunter le passage puis l'escalier à droite (⚠ la traversée des voies est strictement interdite). **Depuis la passerelle et dans l'axe du canal au fond, la cimenterie de Fos-sur-Mer qui fabrique des ciments spéciaux à base d'alumine.** Au bout de la passerelle, descendre tout de suite à gauche de façon à contourner une masse de béton puis passer sous le pont en marchant sur un étroit muret. Remonter le talus immédiatement à gauche et prendre à droite. On rejoint une route goudronnée puis au carrefour, prendre à gauche la rue en sens interdit qui monte

4 Continuer tout droit en direction de la voie rapide, puis tourner à droite et emprunter la passerelle au-dessus de la route. **De l'intérieur de la passerelle, panorama à gauche sur le village de Fos, la raffinerie Esso et le complexe sidérurgique Arcelor.** Passer à gauche des commerces et monter par un joli passage qui serpente jusqu'à la sortie du **quartier des Amarantes (Claude Gros, architecte).**

5 Face à l'allée de la Saladelle, prendre à droite puis monter à gauche au bout de l'avenue. Au rond-point descendre dans la zone d'activité de la Grand'colle. **Très belle vue sur la chaîne des étangs* de l'Engrenier et Lavalduc, ainsi que sur l'étang* de l'Estomac et la cimenterie de Fos.** Au second rond-point, continuer tout droit. (Camping municipal de la Mérindole à gauche à 250 m.)

6 Au troisième rond-point, continuer à descendre en prenant la direction des Arcades. 50 m plus loin sur la droite, entrer dans la pinède. Rejoindre le bord de **l'ancien canal de Martigues (extrémité Sud du système des canaux de Craponne*) et le longer. C'est ce canal qui, à partir de là, forme la trame du cheminement jusqu'au bout de l'étang d'Engrenier.** En contrebas du lieu-dit de La Mérindole on passe entre un petit pont de pierre et un ancien puits. Continuer à longer le canal jusqu'à une route goudronnée.

0
1 km
1/50000
Feuille 3044
© IGN 1997
N
1
2
3
4
5
6
7
8
9
10
11
12
13
14
032
031
la Massuquière
Les Cognets
St-Félix
Prédine
Prépaou
Rassuen
Centre Éducatif et Culturel
Port des Heures Claires
les Quatre Vents
les Heures Claires
le Moutonnier
Lavalduc
Vigne Caste
la Pinède
St Verran
Ranquet
Anse de Ranquet
Etang de Lavalduc
Etang de Citis
de Ranquet
Chap. St-Blaise
Bellevue
la Marjolaine
les Emplaniers
ST-MITRE-LES-REMPARTS
Chap. St-Michel
Etang du Pourra
Etang d'Engrenier
FOS-SUR-MER
la Jonquière
la Marronède
Fos-sur-Mer
la Grande Plage
Port-de-Bouc
Plage de Bottaï
Pointe de la Baumasse
la Baumasse
Tassy
Milan
les Arcades
Mérindole
Valentoulin
Mas de l'Hôpital
Roseron
Plan Fossan
Bacon
Bernard
Mas Pelet
Maguémeou
Carcaras
Biscaron
la Grande Colle
St-Jean
Père Icard
le Pourra
le Mazet

De La Mérindole au Ranquet | 12 km | 3 h

À La Mérindole > (à 1 km, gare de Fos-sur-Mer, TER vers Marseille et Miramas.)

7 Traverser la route. **(Hors GR : à gauche, on peut rejoindre à 500 m les Arcades, quartier à cheval entre les communes de Fos-sur-Mer et Port-de-Bouc).** Enjamber un caniveau en béton puis continuer le long du canal. **L'ancien canal passe par-dessus plusieurs pipelines et coupe une deuxième route goudronnée, tout en surplombant l'étang* de l'Engrenier (station de pompage et deuxième canal en eau en contrebas). Directement connecté à Manosque par un pipeline de 80 km, l'étang d'Engrenier fait partie d'un système sel-pétrole de réserves stratégiques exigées par l'OTAN.**

8 Après s'être éloigné de l'étang, monter à droite et suivre le bitume. Une fois en haut **(centre équestre à gauche)**, traverser le parking puis rejoindre à gauche la piste n° CT100. **Vue sur l'étang* du Pourra et le village de Saint-Mitre.** Laisser à droite un sentier qui descend sur le Pourra. 50 m plus loin, prendre à droite un sentier qui descend légèrement, tout en restant sur le bord du plateau vallonné du Castillon. Continuer à longer le bord du plateau sur plus d'1 km.

9 Face à un front rocheux, prendre à droite, puis ignorer le sentier principal qui part à gauche. On rejoint un point de vue aménagé. **Au fond, la chaîne de la Fare notamment, en contrebas la plaine du Desté, et à droite l'étang* de Citis.** Revenir 20 m sur ses pas, puis continuer à droite, et encore à droite à la bifurcation. Ignorer un chemin à droite, puis arriver à une bifurcation.

10 Poursuivre le chemin principal à droite jusqu'au grillage du **site archéologique de Saint-Blaise, le plus bel oppidum* celte du tour de l'étang, caché entre les 4 étangs où les Celtes circulaient sur des barques à fond plat (cf. p. 70-71).** Longer le site par la droite. Depuis la chapelle, descendre la voie goudronnée. Après le parking en contrebas, longer la route à gauche sur un peu plus d'1 km. Au carrefour, prendre la direction Rassuen. À 150 m, prendre à gauche le chemin de Citis sur 1 km. Dans un bois, franchir **l'ancien canal de Saint-Mitre (qui transporte aujourd'hui les eaux de Martigues). À 10 m sur la gauche, ancien partiteur et maison du canalier.**

11 Continuer tout droit et tourner à droite sous les lignes à haute tension. Rester sur le chemin principal, puis prendre à droite, et descendre sous les lignes au niveau du pylone. Au terrain de tir à l'arc, traverser la D52A. Prendre en face la direction Ranguet, puis la deuxième route à gauche. Au cimetière, poursuivre dans un chemin tout droit.

12 Plus loin, lorsqu'on arrive sur des grilles, prendre à droite puis, à la bifurcation, tout droit (chemin du milieu). À 200 m, virage à droite qui descend, puis contourner par la gauche les terrains de sports du complexe Auguste-Audibert. Emprunter ensuite l'allée goudronnée à droite. Contourner le rond-point de Ranquet par la droite, en empruntant le passage piéton pour traverser la route avec prudence et rejoindre l'abribus du Cartreize n° 25. Prendre à droite le chemin des Arcades qui descend en tournant et mène, après un intermède par le chemin raccourci, jusqu'à l'anse de Ranquet.

ISTRES
42,1 SP
Aviron
L'Aupière
Gare
l'Oratoire
les Arnavaux
Cros de la Carrière
la Romaniquette
les Baumes
Vauranne
Pépi
Arènes
Clin
Tour de Nédon
le Peyreguet
les Bolles
St. épur.
St-Pierre
les Salles
Centre éduc. et cult.
Bateau de Suffren
Éc. de voile
Feu
Port des Heures Claires
Source de St-Martin
Collet Rond
Prépaou
St-Félix
Prédina
les Quatre Vents
les Heures Claires
Rassuen
la Cabane
Centre de formation professionnelle
le Deven
Maurette
Parc des sports
la Pinède
Tir à l'arc
St-Mitre
St-Verran
Pic Maurel
Centre équestre
les Pêcheries de Ranquet
Ranquet
Anse de Ranquet
Tour d'Aix
D 52a
D 52
D 5
D 16
12
13
14
15
16
033
034
0
1/25000
500 m
Feuilles 3044 OT - 3144 OT
© IGN 2009

De Ranquet à Istres (étang de l'Olivier) | 5 km | 1 h 30

À Ranquet > (Au rond-point sur la D5, Cartreize n° 25 vers Miramas, Aix et Martigues. Pour les 2 directions, arrêt du même côté de la route, côté mer de Berre.)

13 Depuis le panneau d'information « Plage du Ranquet », marcher sur la plage vers la gauche. **Le Ranquet est un village de cabanons qui s'est construit dans les années 1920, ancien port de chargement du sel extrait aux salins de Rassuen et de Citis. Un tunnel souterrain reliait le port du Ranquet aux salins de l'étang* de Citis. Ce tunnel existe toujours et abrite des pipelines qui permettent le transport de produits utilisés par les usines.** Passer devant le café-pizzeria chez Aldo (belle terrasse les pieds dans l'eau en été) et rejoindre le chemin de la plage derrière le boulodrome. Longer la route vers la droite jusqu'à la pinède et au début d'un sentier. Passer la barrière et tourner tout de suite à droite, pour rejoindre la berge. Suivre un sentier ombragé en pinède, le long de petites criques. Le sentier remonte pour rejoindre la piste. Contourner la barrière et poursuivre sur la petite route (chemin de Saint-Pierre) puis rejoindre sur la droite le littoral par un sentier (chemin de la source Saint-Martin – source en bas d'un escalier sur la droite) jusqu'au port des Heures-Claires. (on y retrouve le Cartreize n°25.) **Un site intéressant interdit au public : le bateau de Suffren, classé monument historique, navire de pierre sculpté vers 1785 à même la roche par le jésuite Roch de Régis. Hors GR : le Centre éducatif et culturel des Heures Claires est une utopie éducative où le collège et ses annexes (médiathèque, restaurant, gymnase) sont conçus comme un vrai morceau de ville, ouvert à tous (Atelier de Montrouge architectes, 1970-1977).**

14 Longer les cafés et restaurants (vente de poisson en direct le matin de 10h à 12h), puis continuer tout droit par le sentier du littoral. Après avoir contourné une propriété privée, suivre les berges de l'étang jusqu'au parking de la plage de la Romaniquette (baignade autorisée, guinguette de poissons et coquillages en été). **Les curieux pourront aller chercher juste après la plage un petit tunnel (700 m) qui relie la mer de Berre à l'étang de l'Olivier.**

15 Depuis la plage, une petite route remonte sur un plus grand axe routier. Traverser au passage piéton à droite puis **entrer dans le square de la Romaniquette (gloriettes et faussses ruines, Georges Demouchy paysagiste pour l'EPAREB*, c. 1994) qui fait partie d'un réseau de promenades dans cette ZAC**. Traverser le parc et rejoindre à droite un petit lotissement. Dans la zone* pavillonnaire, s'engager dans la première rue à gauche (rue du Cascaveau). Juste avant la fin de cette rue, au panneau Stop, tourner à droite sur une voie piétonnière, puis à gauche pour passer sous la route par des escaliers. On aperçoit au bout de la rue l'étang de l'Olivier . Descendre l'allée, et traverser la petite route.
Hors GR : C'est ici qu'on peut, si on le souhaite, rejoindre le centre-ville d'Istres, en prenant à gauche la petite route (centre-ville à 10 mn). Entre les bars de l'étang et les moutons de la Crau, Istres a gardé son beau vieux village en forme d'olive. Selon Paul Ruat, « les jeunes filles surtout, avec leur air sage, leur fin profil que rehausse encore le costume arlésien, viennent à la provision de la fraîche, en jetant un coup d'œil curieux sur les excursionnistes* arrivés dans la matinée. » C'est une ville de tourisme Front populaire dès les années 1930. Avec l'installation à Istres de la base militaire aérienne 125 dans les années 1920 et le chantier de Fos tout proche dans les années 1960, la ville s'étend et se développe fortement dans une maille de "parkways", autoroutes urbaines paysagées à l'américaine.
L'itinéraire balisé effleure Istres et continue tout droit en bordure de l'étang de l'Olivier.

L'Agence Touriste propose
UNE PROMENADE HYPOTHÉTIQUE
SUR LE GR2013
① SE RENDRE SEUL SUR LE GR2013 À UN ENDROIT INCONNU DE VOUS
MODE D'EMPLOI :
(DU LABYRINTHE)
MATÉRIEL
AVEC UN CRAYON, UNE FEUILLE DE PAPIER ET CETTE DOUBLE PAGE
DÉPART
DE LA PROMENADE
GR2013
JE N'ENVISAGE ABSOLUMENT PAS LE DEMI-TOUR
ET SI JE TOURNE AUTOUR DES CHOSES POUR LES VOIR DE TOUS CÔTÉS
ET SI LE PAYSAGE SE TROUVAIT DANS MON DOS
ET SI JE ME LAISSE GUIDER PAR CE QUI BOUGE DANS LE PAYSAGE
ET SI JE LONGE LES BORDURES
ET SI JE MARCHE À LA VITESSE D'UN POURCHASSÉ
ET SI JE PASSE AU TRAVERS DES LIMITES ET DES FRONTIÈRES
JE PRENDS TOUT PAR LA FORCE DES CHOSES
SE DIRIGER VERS L'OBJET DESSINÉ (LÀ, UNE GRUE)
MAIS ÇA PEUT ÊTRE TOUT AUTRE CHOSE
UNE ROUTE EST UNE ROUTE JE NE PEUX EN DIRE AUTANT ME CONCERNANT
JE TOUCHE CE QUI ME TOUCHE
ET SI MES PIEDS CHERCHENT LES TEXTURES DE SOL LES COUCHES LES ZONES MEUBLES
JE ME TORDS À PASSER DANS UN GRILLAGE TROUÉ
ET SI JE RECONNAIS CE CHEMIN JE SUIS DÉJÀ VENU ICI
UN CHAMP, UN CANAL, UN ROCH
IL Y A TOUTES SORTES DE CHOSES QUI REVIENNENT

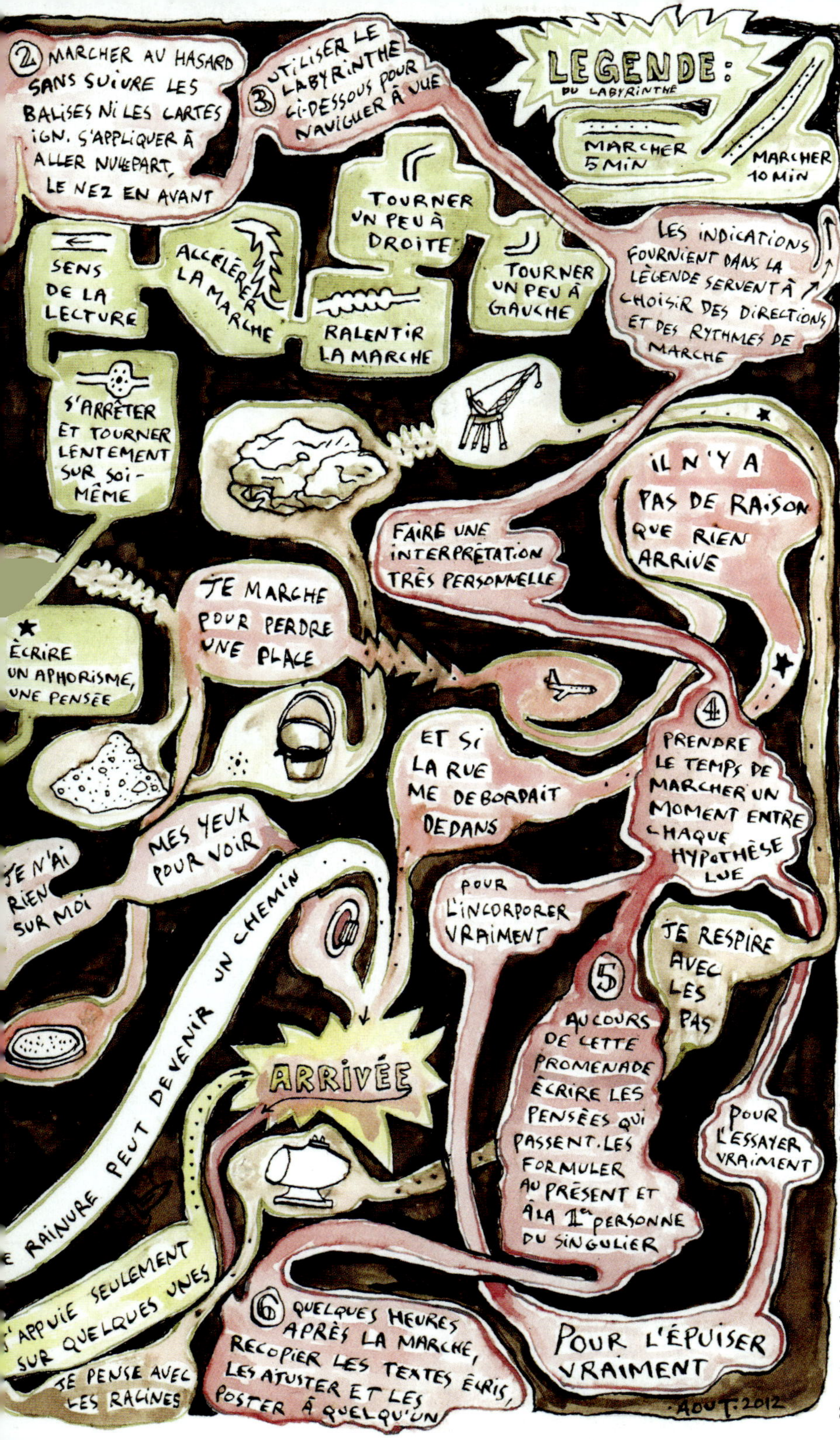

Une promenade hypothétique sur le GR®2013
DESSIN L'AGENCE TOURISTE

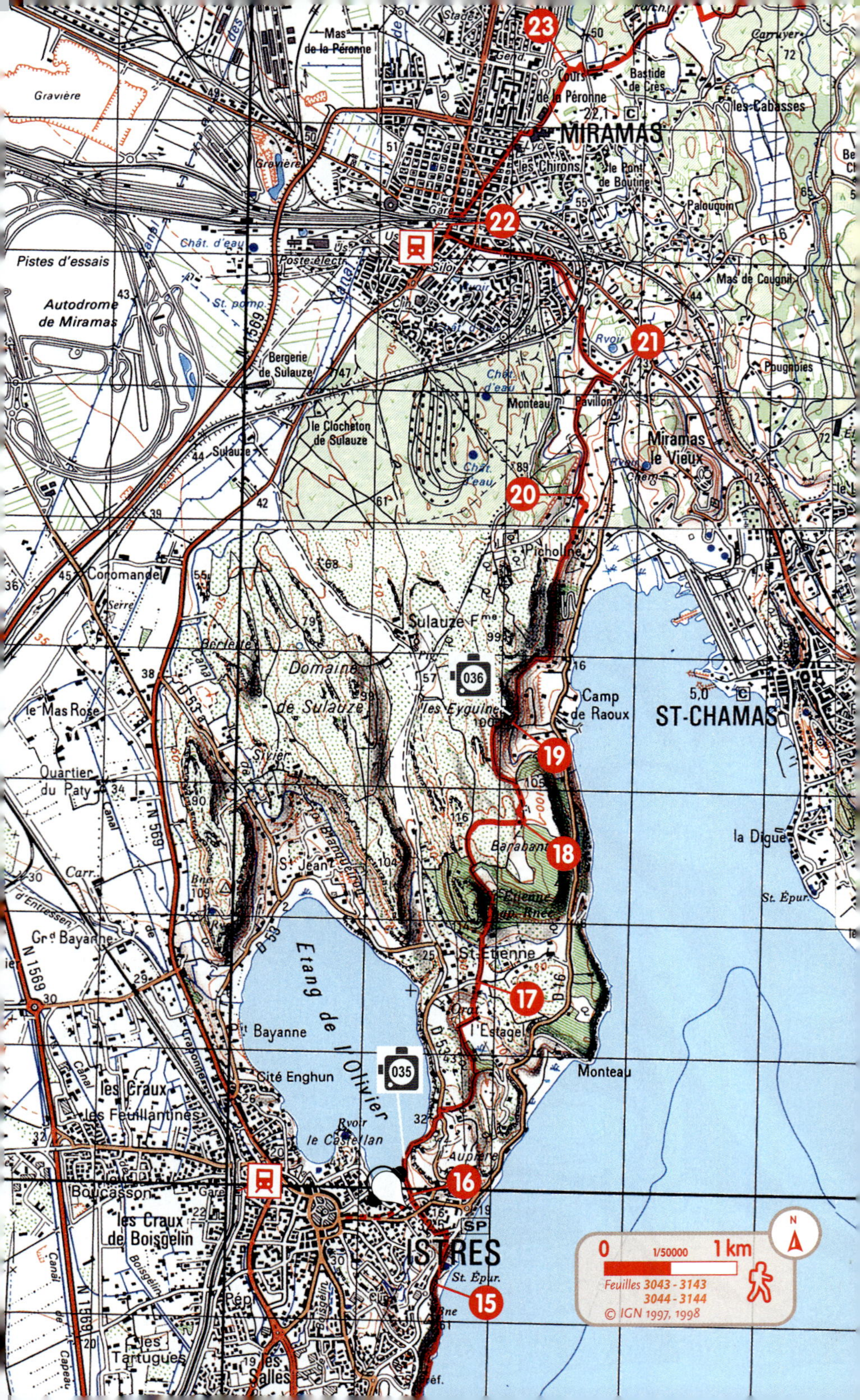
MIRAMAS
ST-CHAMAS
ISTRES
Miramas le Vieux
Etang de l'Olivier
Domaine de Sulauze
Autodrome de Miramas
Pistes d'essais
Camp de Raoux
Cité Enghun
St-Etienne
l'Estagel
Monteau
la Digue
les Craux de Boisgelin
Coromandel
le Mas Rose
Gravière
0 1/50000 1 km
Feuilles 3043 - 3143
3044 - 3144
© IGN 1997, 1998
15
16
17
18
19
20
21
22
23
035
036

D' Istres (étang de l'Olivier) à la gare SNCF de Miramas | 10 km | 2 h 30

À Istres > (TER vers Marseille et Salon)

16 Suivre le chemin du Safre, en bordure de l'étang de l'Olivier (observer la caserne des pompiers sur l'autre rive). À la jonction avec la D53, traverser la route et poursuivre tout droit par le chemin de Quinsanne. Cette petite route ombragée débouche au bout de 500 m sur le chemin de l'Estagel (qui longe le camping Le Vallon des Cigales). La route se transforme en piste au hameau de Pierremale (lotissement), puis se prolonge en un sentier remontant le long d'un ruissellement d'eau, une branche secondaire du canal de Blanqueiron. **Le canal de Blanqueiron dépend du canal de Craponne* (16e s.) qui a métamorphosé le paysage et l'économie locale de la basse Durance jusqu'à la mer de Berre.** Au carrefour, poursuivre tout droit sur la route en direction du hameau de Saint-Étienne. **Au hameau, production d'huile d'olive, dégustation et achat auprès de M. Gimenez, descendant de la première famille installée au hameau.**

17 Au hameau, suivre la route qui s'élève tout droit vers le moure* de Saint-Étienne. **Sur ces anciens sentiers de transhumance, on aperçoit dans les hauteurs la chapelle ruinée de Saint-Étienne.** La route se transforme en chemin pour arriver à un parking et un carrefour de pistes avec une citerne. **Détour indispensable vers l'un des plus beaux points de vue du GR®2013 (A/R 500 m): la chapelle de Saint-Michel offre une vue exceptionnelle sur les étangs, le paysage industriel de la Caru et de Fos, la Méditerranée, le hangar Mercure (base aérienne d'Istres), les Alpilles, le Ventoux, le Lubéron, Sainte-Victoire, les tours de la centrale hydroélectrique de Saint-Chamas, le massif de l'Étoile et le massif de la Nerthe.**

18 De retour au parking, poursuivre la piste SU101 et virer à gauche 100 m plus loin dans une autre piste, qu'on suit ensuite sur environ 2 km **(vue sur les Alpilles)**. Lorsque la piste se rétrécit et se ravine, ignorer une autre piste qui monte à droite. Trouver ensuite un sentier qui bifurque soudainement à gauche en bordure d'une propriété, **en balcon au-dessus de la mer de Berre : vues sur le vieux Miramas, Saint-Chamas, le port de plaisance, la Poudrerie. Ce site militaire (1690), voué à la fabrication de poudre à canons, fut définitivement abandonné en 1974, puis cédé au Conservatoire du littoral en 2001.** Face à une barrière, descendre à droite dans un sentier qui mène à une piste : la prendre à gauche. À la sortie d'un virage en épingle à cheveux, emprunter le **canal de Raoux**.

19 **Suivre le canal sur environ 2 km**, jusqu'à une route goudronnée (chemin de la Cacholle).

20 Tourner à droite dans cette route. Juste après un virage prononcé vers la droite, quitter la route par un petit passage à gauche, le long de l'ancienne voie ferrée de la Poudrerie, aménagée en voie verte pour les marcheurs et les cyclistes. La suivre vers la gauche, jusqu'à Miramas. Après le viaduc de la ligne de train Marseille-Miramas par la Côte bleue, rejoindre un axe routier et le suivre en tournant à gauche vers le centre-ville.

21 Poursuivre la route en direction de Miramas centre. Traverser au feu, puis continuer toujours tout droit l'avenue Jean-Moulin, par le trottoir de droite. Place Jean-Jaurès, sur la droite, la **gare SNCF (François Druet architecte, 1990). Cette gare du PLM* (gare de bifurcation, à 30 mn de Marseille), créée en 1848 en rase campagne à 3 km du vieux village de Miramas, est à l'origine de la ville. Le nouvelle gare de Miramas faisait partie d'un projet urbain plus large, « Banlieue89 », un petit centre d'affaires mêlant parkings et bureaux.**

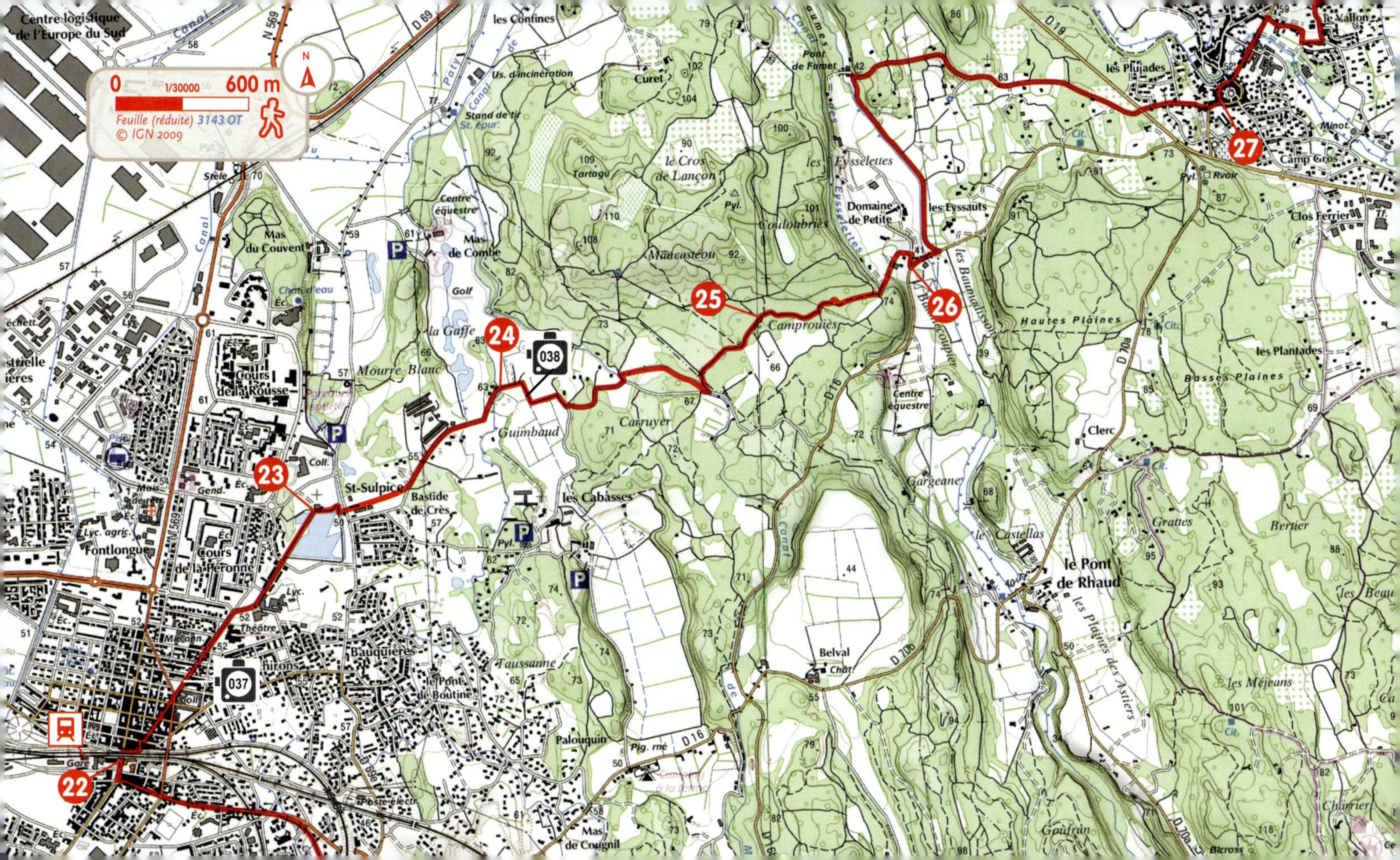
0
1/30000
600 m
Feuille (réduite) 3143 OT
© IGN 2009
Centre logistique de l'Europe du Sud
les Confines
Us. d'incinération
Stand de tir
Curet
Tartagu
le Cros de Lançon
Centre équestre
Mas de Combe
Mas du Couvent
Golf
la Gaffe
Mourre Blanc
Matcasteou
Couloubriès
les Eysselettes
Domaine de Petite
les Eyssauts
Pont de Fumet
les Pluiades
Minot.
Camp Gros
Clos Ferrier
Hautes Plaines
Basses Plaines
les Plantades
Camprouès
Carruyer
Guimbaud
St-Sulpice
Bastide de Crès
les Cabasses
Cours de la Rousse
Cours de la Péronne
Fontlongue
Lyc. agric.
Théâtre
Bauquières
le Pont de Boutine
Taussanne
Palouquin
Mas de Cougnil
Gare
Centre équestre
Gargeane
le Castellas
le Pont de Rhaud
les Plaines des Astiers
Belval
Chât.
Clerc
Grattes
Bertier
les Méjeans
Charrier
Goudran
22
23
24
25
26
27
037
038
D 16
D 19
D 69
D 70a
N 569

De la gare SNCF de Miramas au centre-ville de Grans | 9 km | 2 h 15

À Miramas > (TER très fréquents vers Marseille et Salon.)

22 À la sortie de la gare SNCF de Miramas, prendre tout de suite à gauche pour trouver **un passage sous les rails qui coupent la ville de Miramas en deux. Observer le grand nombre de rails, dû à la présence, au nord de la ville, du Centre logistique de l'Europe du Sud (Clésud) de Miramas (280 ha à cheval sur Miramas et Grans). Ce pôle multimodal est la deuxième plateforme logistique de France (1 600 employés), et fait la jonction rail-route. 2 000 poids lourds y entrent et en sortent chaque jour.** Après le passage, s'orienter à droite, pour chercher la deuxième rue à gauche (rue Gambetta) qui débouche, à droite, dans l'avenue de la République **(comme Broadway à Manhattan, l'avenue suit un chemin ancien qui bouscule le plan en grille du nord de Miramas). Au bout de l'avenue, observer le lycée-théâtre (Morisseau, 1985), semblant une ruine antique reprise au Moyen Âge. On entre ici dans un quartier récent (années 1980) conçu comme le germe d'une grande ville nouvelle dont le plan était inspiré par la ville romaine antique.** Prendre à droite puis tout de suite à gauche jusqu'à l'étang de Saint-Suspi qu'on longe par la gauche, jusqu'à un chaos de blocs de carrière.

23 Au bout de la digue, prendre à droite et longer le plan d'eau par une contre-allée jusqu'à un petit pont : s'engager à gauche dans la rue (direction « Domaine de Cabasse »). À la fourche, prendre à gauche (direction « chemin du Crès »). **On peut remarquer à gauche une ancienne porcherie.**

24 À un petit pont au-dessus d'un canal (branche du canal de Miramas), la route s'arrête; suivre tout droit le chemin qui continue. Au premier croisement, prendre à droite un chemin en bordure de champs. À l'intersection suivante avec un autre chemin, prendre à droite. À l'intersection avec la route, monter à gauche (panneau « chemin de Miramas à Grans ») et la suivre pendant environ 500 m. Au peuplier blanc, bifurquer à gauche dans le chemin de Maucastéou, puis tout de suite à droite, pour s'engager le long d'**un canal remarquable (canal de Miramas)**. 500 m plus loin, en retrouvant la route, prendre immédiatement à gauche la piste PR208, et la quitter tout de suite à droite, pour un beau chemin empierré.

25 À la **bergerie en pierre sèche (restaurée par l'Association pour la participation et l'action régionale APARE)**, prendre à gauche, puis serrer à droite à travers la pinède, en ignorant deux chemins à gauche. À un carrefour de nombreuses pistes, traverser la coupe forestière du gaz (gazoduc) sans s'y engager, et continuer tout droit dans la pinède par un chemin qui zigzague vers l'Est, pendant environ 300 m. Juste après avoir laissé un chemin pierreux qui part à gauche, descendre une route goudronnée, qui traverse le canal des Eysselettes. À l'intersection, tourner à droite pour rejoindre la D16.

26 Suivre la D16 à gauche pendant environ 100 m, et juste après le pont au-dessus de la Touloubre, partir à gauche dans une petite route qui remonte le cours de la Touloubre, pendant environ 1 km. Au bout de la route, on pourra aller voir (à gauche) le pont de Fumet, au niveau de la **centrale hydroélectrique** ; mais l'itinéraire balisé quitte ici **les bords de la Touloubre (qu'on retrouvera à Grans)**, et part à droite, par le chemin des Couloubriers, que l'on suit sur 1,5 km. ⚠ Traversée dangereuse de la D16. Arrivée en pente douce dans le centre de Grans par une ruelle en escaliers.

SALON-DE-PROVENCE
les Barettes
les Lauzards
le Pilon
Bel-Air
GR 653A
D 572
Gare
Beffroi
Musées
Chât.
Tour
Clin.
Lyc.
C. comm.
D 16
Coll.
Z.I. Quintin Gandonne
les Aires de la Dîme
Laborie
Poste gaz
les Gabins
la Pignarde
D 113
les Crozes
les Calanques
Branche
Michelet
Craponne
A 54
Péage
le Pont Maurice
les Grignandes
les Broquetiers
D 538
le Jas des Vaches
Canal
Chemin de Salon
les Grailles
039
Carrefour des Milani
les Arènes
les Aréniers
les Milani
les Férigoules
les Bas Croses
le Vallon
Grans
la Tour
le Gargue
Château
Minot.
Camp Gros
Montauban
les Pélenches
Clos Ferrier
la Garenne
D 70
27
28
29
0
1/25000
500 m
Feuille 3143 OT
© IGN 2009

Du centre-ville de Grans à Salon (gare SNCF) — 6 km — 1h30

À Grans > (Cartreize n°6 vers Miramas ou Salon, du lundi au vendredi)

27 Après avoir contourné le centre-village par la droite (cafés ombragés, épicerie, boulangerie), quitter Grans par la D16 (direction Salon). Au bout d'une centaine de mètres, virer à droite juste après **le pont au-dessus de la Touloubre**. Au bout du parking, continuer tout droit dans un chemin de terre bordé de réverbères qui débouche dans le lotissement du Vallon. À l'intersection, prendre la route à gauche (chemin des Micocouliers), et 200 m plus loin, au panneau Stop, prendre la deuxième route à droite, le chemin des Crozes, qui mènera jusqu'à Salon.

28 À la fourche, le chemin de Crozes est à gauche. **On conseille le détour, à droite, par la somptueuse ferme de la Tour et son allée de platanes (400 m, 15 mn aller-retour).** Le bucolique chemin des Crozes traverse **la campagne salonnaise, extrémité est de la plaine de la Crau. Un réseau dense de petits canaux gravitaires irriguent des champs en bocage surtout consacrés au foin AOC (4 coupes par an). Amandiers et oliviers se font plus rares, au profit de frênes, chênes, cyprès, figuiers, pommiers, aubépines, bourdaines, cannes de Provence.** Le chemin des Crozes tourne à gauche en angle droit, et 500 m plus loin, arrive à un rond-point (péage de l'autoroute).

29 Contourner le rond-point en traversant la D113 par la droite avec prudence ⚠, pour vous engager dans le chemin du Quintin (⚠ trafic de camions). **Le pont au-dessus de l'autoroute Est-Ouest (A54), à quelques kilomètres à peine de la jonction avec l'autoroute Nord-Sud (A7), offre un belvédère sur les Alpilles et les collines de Salon. C'est ici le croisement des deux grands flux autoroutiers internationaux : d'un côté Italie-Espagne, de l'autre Europe du Nord - Europe du Sud.** Au rond-point suivant, continuer tout droit chemin du Quintin. Au parking d'une zone* commerciale, s'engager tout droit dans la route qui longe la voie ferrée (direction « Centre-ville »). Au petit rond-point suivant, prendre à droite l'avenue Paul-Bourret (direction « Complexe sportif »). Après le musée Fabre du savon* de Marseille, la rue Foch mène, à gauche, à la gare SNCF. Face à la gare, **une série de villas Belle Époque de la bourgeoisie industrieuse de Salon.**

En cette extrémité Nord du GR®2013, on bascule vers le pays des Alpilles et du Lubéron. Salon est un bon point de départ pour des randonnées familiales, de quelques heures à une journée, dans les collines à l'Est et au Nord de la ville. Le massif du Talagard offre plusieurs sentiers (balisés PR) permettant des balades familiales – points de vue sur les massifs environnants, paysages de murs en pierres sèches, bories, oliveraies, ancienne bergerie de la Pastorale, forêt méditerranéene. Le sentier de la Pastorale par exemple est une jolie boucle d'environ 5 km qui part au nord de la ville. (Cf. office du tourisme de Salon et le topo-guide des Bouches-du-Rhône à pied, p. 84.)

Connexion du GR®2013 :

- *au GR®653 à Salon centre (portion Aix-Lodève du chemin de Saint-Jacques de Compostelle),*
- *et au GR®6 (Alpes-Aquitaine) dans le massif du Tallagard, 5 km au Nord de Salon, au niveau du mas de Roquerousse.*

La plaine de Berre vue de la corniche de Rognac.
PHOTOGRAPHIE GEOFFROY MATHIEU ET BERTRAND STOFLETH

Troisième séquence
De Salon à la gare Aix-TGV
56 km

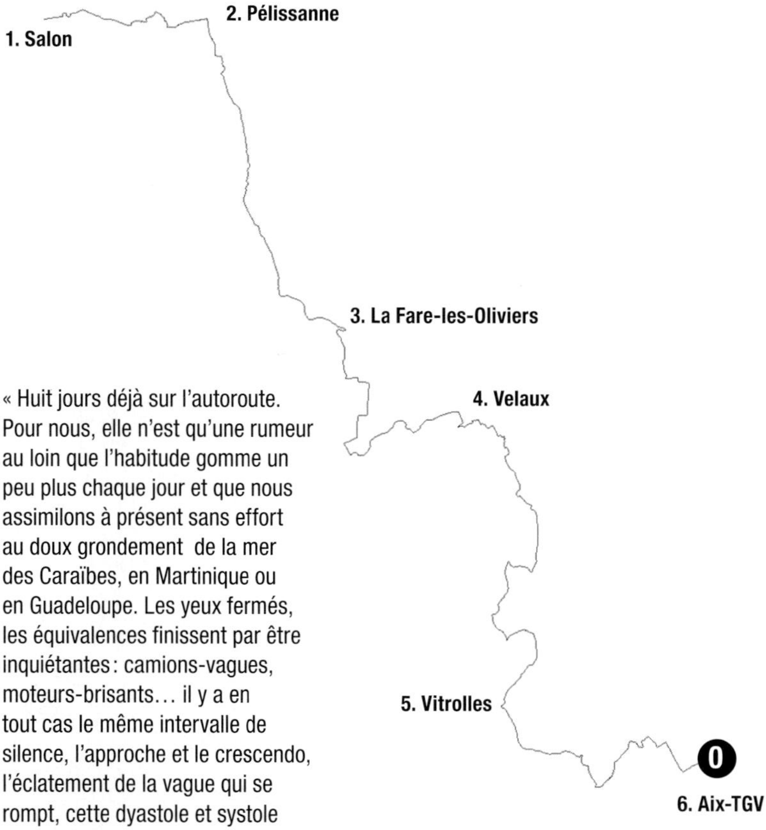

« Huit jours déjà sur l'autoroute. Pour nous, elle n'est qu'une rumeur au loin que l'habitude gomme un peu plus chaque jour et que nous assimilons à présent sans effort au doux grondement de la mer des Caraïbes, en Martinique ou en Guadeloupe. Les yeux fermés, les équivalences finissent par être inquiétantes : camions-vagues, moteurs-brisants… il y a en tout cas le même intervalle de silence, l'approche et le crescendo, l'éclatement de la vague qui se rompt, cette dyastole et systole d'un volume sonore ondulant, respirant, parfois insupportable comme nous l'avons éprouvé sur les plages martiniquaises et dans les parkings. »

Julio Cortazar et Carol Dunlop, *Les Autonautes de la cosmoroute*, Gallimard, 1983.

Des collines de Salon – vue sur le Lubéron, les Alpilles et la Camargue – au plateau de l'Arbois ; en croisant la via Aurelia, l'A7, l'Arc, et en longeant la corniche de Rognac.

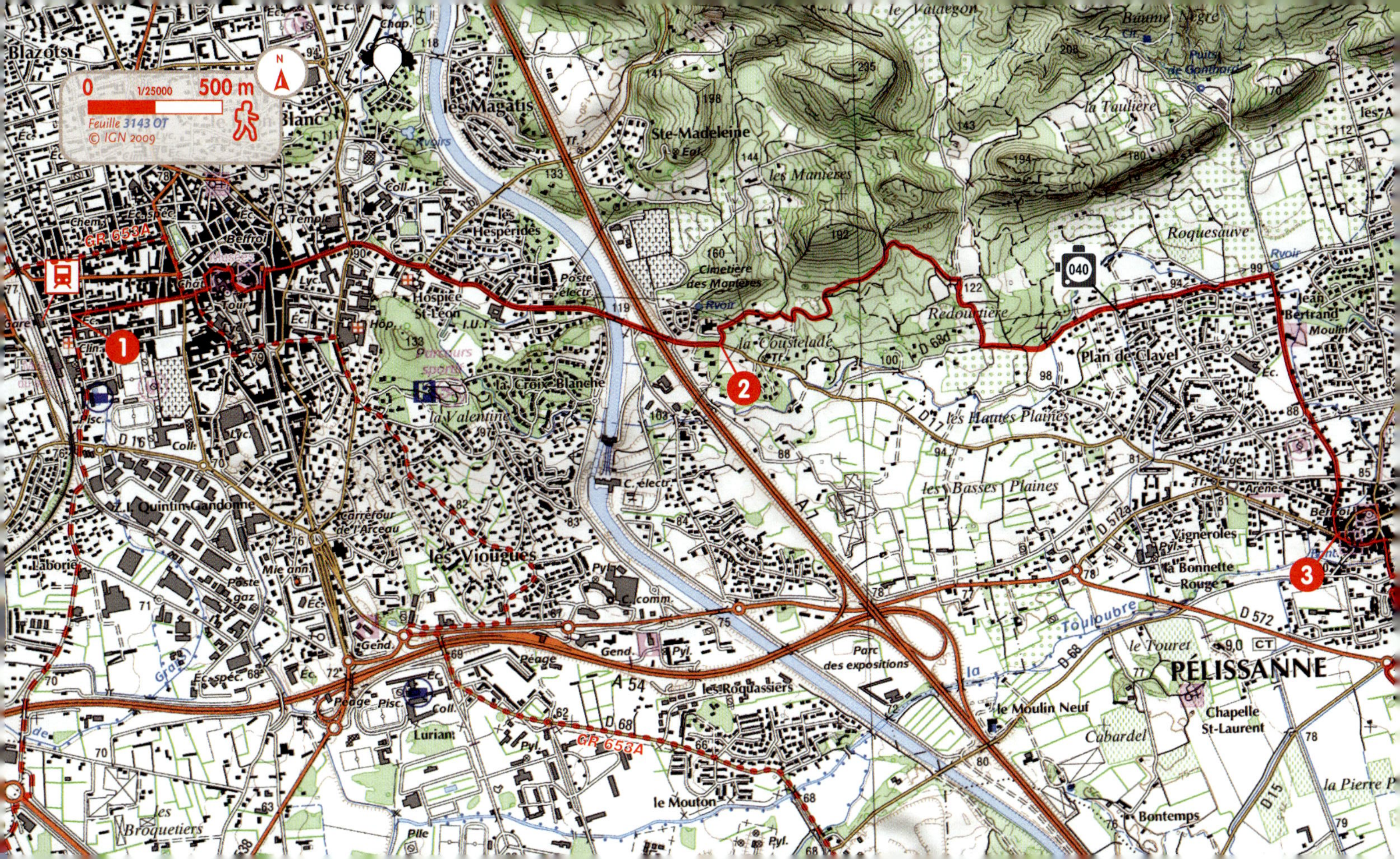

0
1/25000
500 m
Feuille 3143 OT
© IGN 2009
GR 653A
PÉLISSANNE
Ste-Madeleine
les Magatis
les Hespérides
Hospice St-Léon
la Croix-Blanche
la Valentine
les Viougues
Z.I. Quintin Gandonne
Carrefour de l'Arceau
Laborie
les Broquetiers
Lurian
les Roquassiers
le Mouton
Parc des expositions
le Moulin Neuf
Cabardel
Chapelle St-Laurent
Bontemps
le Tourel
la Bonnette Rouge
Vignerolles
Plan de Clavel
les Hautes Plaines
les Basses Plaines
la Coustelade
Redouttière
Roquesauve
les Manières
Cimetière des Manières
la Taulière
Baume Nègre
Puits de Gonfford
Jean Bertrand
Touloubre
Blazots
040
A 7
A 54
D 572
D 68
D 17
1
2
3

De Salon (gare SNCF) à Pélissanne (beffroi) | 7 km | 1 h 45

À Salon > (TER vers Marseille ; nombreux Cartreize dont le n°25 vers Aix)

1 En face de la gare, prendre la direction du centre-ville. Tout au bout du boulevard Maréchal-Foch, traverser le cours et trouver la rue de la Teinture pour contourner par la gauche **le château de l'Empéri (empereur en occitan), souvenir du Saint-Empire romain germanique. Ce château fort, bâti au 9e siècle sur le rocher du Puech, est à l'origine de la ville de Salon.** Tourner à droite pour prendre rue Moulin d'Isnard. À la statue de Nostradamus, tourner à droite et prendre la montée André-Viallat. Traverser la place des Centuries en diagonale vers la place André-Passelaigue. Au fond de la rue, à un cours, prendre à gauche, et tout de suite à droite devant la mairie, prendre la rue Auguste-Moulin, puis tout droit pendant 1,5 km (20 mn environ). Suivre la direction Pélissanne. Un enchaînement de ponts vous transporte au-dessus du canal EDF puis au-dessus de l'A7. **Le canal EDF est un canal de production électrique qui aboutit à l'usine de Saint-Chamas (1966). Il est long de plusieurs centaines de kilomètres, dont 120 km environ dans les Bouches-du-Rhône. Jusqu'aux années 1990, il versait dans la mer de Berre environ 4 milliards de m³ par an d'eau douce et limoneuse du Verdon (soit 4 fois le volume de Berre) soit 520 000 t par an de sédiments. Un apport désormais diminué et régulé, pour maintenit la salinité de la mer de Berre à un niveau stable.**

2 200 mètres après le pont sur l'autoroute, prendre le chemin à gauche en direction du foyer Lou Calen, et le laisser ensuite sur la gauche pour continuer tout droit le long de la petite route. Emprunter le deuxième chemin à gauche (barrière DFCI), **qui monte vers le massif du Tallagard. 400 m plus loin, à la patte d'oie, prendre à droite en ignorant le chemin qui monte dans le massif. Après la descente, prendre à droite en direction de la bergerie en ruine.** Après un crochet à gauche, descendre à droite la petite route. Au carrefour, dépasser l'enclos pour prendre en face le petit chemin qui part sur la gauche. Poursuivre tout droit en ignorant tous les chemins à gauche. Passer le pont sur le canal de Matheron et suivre la route jusqu'au pont suivant pour prendre à droite le chemin de Saint-Pierre qui part à angle droit sur la droite en direction du village (⚠ rue sans bas-côtés.) Descendre la rue jusqu'au centre du vieux Pélissanne, entouré d'une allée circulaire de platanes. Suivre d'abord la direction de Lançon-de-Provence, puis virer à droite après une quarantaine de mètres dans le passage Journet Dubief (la statue d'une Vierge orne l'angle de maison).

De Pélissanne (beffroi) à La Fare-les-Oliviers (centre) | 12 km | 3 h

À Pélissanne > (Cartreize n° 52 vers Salon du lundi au vendredi)

3 Du beffroi, s'engager dans la deuxième ruelle à droite (direction Aix), puis dans le passage Journet-Dubief. **Traverser le pont de la Touloubre**, puis la route, et un lotissement, jusqu'au chemin de la Prouvenque. Tourner à gauche, puis tout de suite à droite allée Bernard-Vantadour. Au bout, s'engager à droite vers le rond-point. Traverser la route d'Aix par la gauche, et s'engager à gauche, plein Sud, dans la petite route goudronnée qui devient une piste. Au croisement avec une route goudronnée, continuer tout droit puis longer le grillage. Au pylône, traverser le ruisseau et longer la haie. À la fin du champ, prendre la route à droite et continuer tout droit. Au croisement, la route devient piste qui s'élève dans la colline. Continuer tout droit, plein Sud, en ignorant les autres directions. Après avoir longé un champ, passer le pont de l'autoroute.

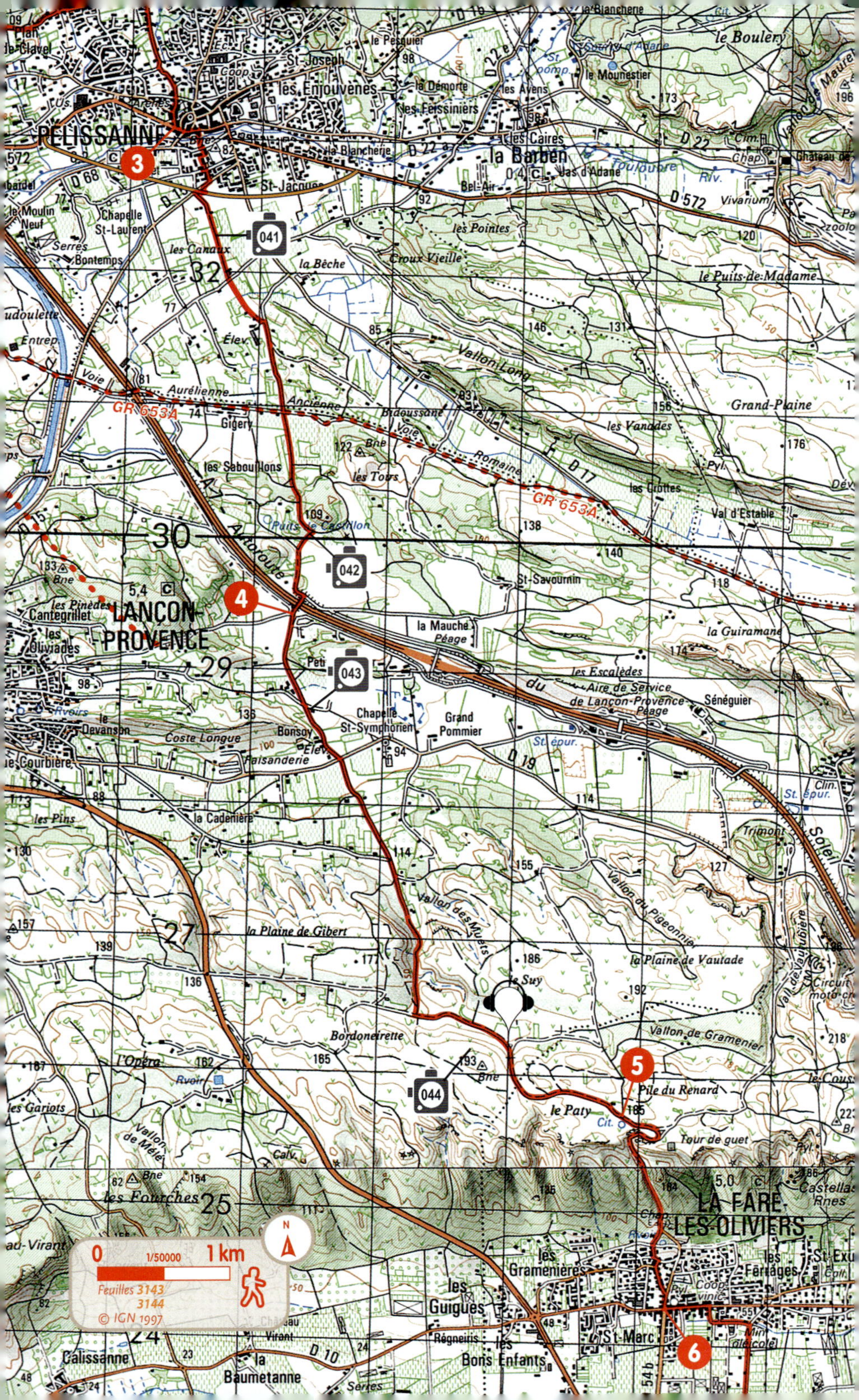
PÉLISSANNE
St-Joseph
les Enjouvènes
le Pesquier
la Démorte
les Feissiniers
les Avens
le Mounestier
le Boulery
la Blancherie
les Caires
la Barben
Château de
St-Jacques
Jas d'Adane
Vivarium
D 572
D 22
D 68
Chapelle St-Laurent
le Moulin Neuf
Serres
Bontemps
les Canaux
la Bèche
Croux Vieille
les Pointes
le Puits-de-Madame
Vallon Long
Voie Aurélienne
GR 653A
Gigery
Ancienne Voie Romaine
Bidoussane
les Vanades
Grand-Plaine
les Sabouillons
les Tours
les Grottes
Val d'Estable
D 17
Autoroute du Soleil
A 7
Puits de Castillon
St-Savournin
LANÇON-PROVENCE
les Pinèdes
Cantegrillet
les Oliviades
la Mauche
Péage
la Guiramane
les Escalèdes
Aire de Service de Lançon-Provence
Sénéguier
le Devanson
Coste Longue
Bonsoy
Faisanderie
Chapelle St-Symphorien
Grand Pommier
D 19
la Courbière
les Pins
la Cadenière
Trimont
Vallon des Muets
Vallon du Pigeonnier
la Plaine de Gibert
la Plaine de Vautade
le Suy
Vallon de Gramenier
Bordoneirette
l'Opéra
Pile du Renard
le Paty
Tour de guet
les Gariots
Vallon de Mélé
les Fourches
LA FARE-LES-OLIVIERS
les Gramenières
les Guigues
les Ferrages
Castellas
St-Marc
Régneiris
les Bons Enfants
Calissanne
la Baumetanne
D 10
041
042
043
044
3
4
5
6
0
1/50000
1 km
Feuilles 3143
3144
© IGN 1997

4 Après le pont à gauche, rester plein Sud sur la route (chemin Devenset) qui aboutit sur la D19. La traverser et prendre à gauche puis tout de suite à droite la route du Vallon des Muets. À la fin du goudron, continuer tout droit dans un sentier qui s'élève jusqu'à une citerne.

5 Suivre la piste à gauche et conserver la direction principale. À un croisement, continuer tout droit (panneau La Fare). Au croisement de la Vigie, prendre à droite la descente vers La-Fare (complexe sportif et chapelle). À la barrière, suivre la route goudronnée. Descendre tout droit par l'avenue Georges-Clemenceau. Au croisement, prendre à droite le cours Charles-Galland jusqu'à la D10 (avenue Maréchal-Foch).

EN PAYSAGE CELTE

Le chaînon de La Fare

On est ici en territoire celte. Sur la rive nord de la mer de Berre, les Gaulois occupent et exploitent un terroir diversifié. Les habitats se situent sur le rebord du chaînon de La Fare et se succèdent dans le temps. Le plus ancien (6e s. av. J.-C.) est le site de Château-Virant, puis au 5e s. s'installe la ferme-grenier fortifiée de Coudouneu qui dépend sans doute d'un autre établissement, peut-être situé non loin de l'oppidum* de Constantine. Cette importante réserve de grains a été détruite par un incendie au début du 4e s.
Il semble que l'habitat se déplace alors dans la plaine de l'Arc. Au 3e s., un autre petit site (village, ferme ?) est connu à Roustan mais il faut attendre le 2e s.

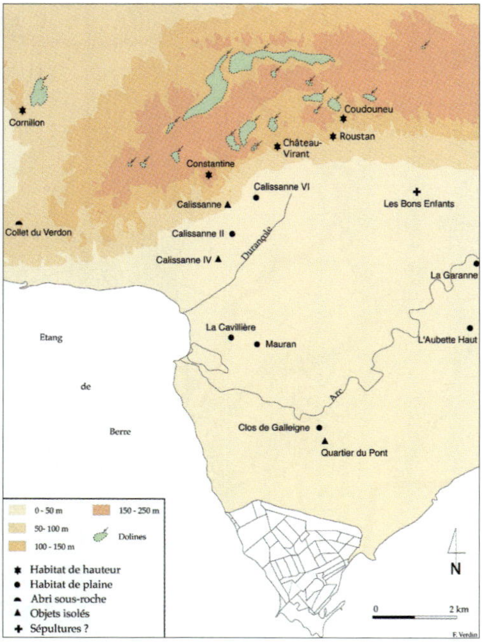

pour qu'une véritable agglomération dotée de monuments s'installe à Constantine.
En même temps, sur les piémonts et dans la plaine de l'Arc, se développent plusieurs établissements agricoles. Cette concentration de sites correspond à un terroir offrant des possibilités complémentaires à ces sociétés gauloises dont l'économie repose en grande partie sur l'agriculture et l'élevage.
On constate que tous les sites de hauteur sont implantés à proximité d'un réseau de dolines (cuvettes karstiques fermées) offrant des terres légères et fertiles, naturellement drainées et faciles à travailler avec les moyens aratoires de l'époque. On pouvait y cultiver les céréales et certaines légumineuses. Même si la couverture forestière n'était pas beaucoup plus épaisse qu'aujourd'hui, les plateaux présentaient des sols moins érodés qui pouvaient être propices aux cultures et à l'élevage (moutons, chèvres). Les cultures arbustives (vignes et oliviers) s'étendaient sans doute sur les piémonts caillouteux du versant sud du chaînon, comme à l'heure actuelle. Les terres plus lourdes de la vallée de l'Arc devaient se prêter au pacage du bétail (bœufs, porcs).
Enfin, la pierre de Calissanne, utilisée à Constantine, pouvait aussi être exploitée plus largement et constituer une source de revenus pour l'agglomération.
– Florence Verdin, archéologue

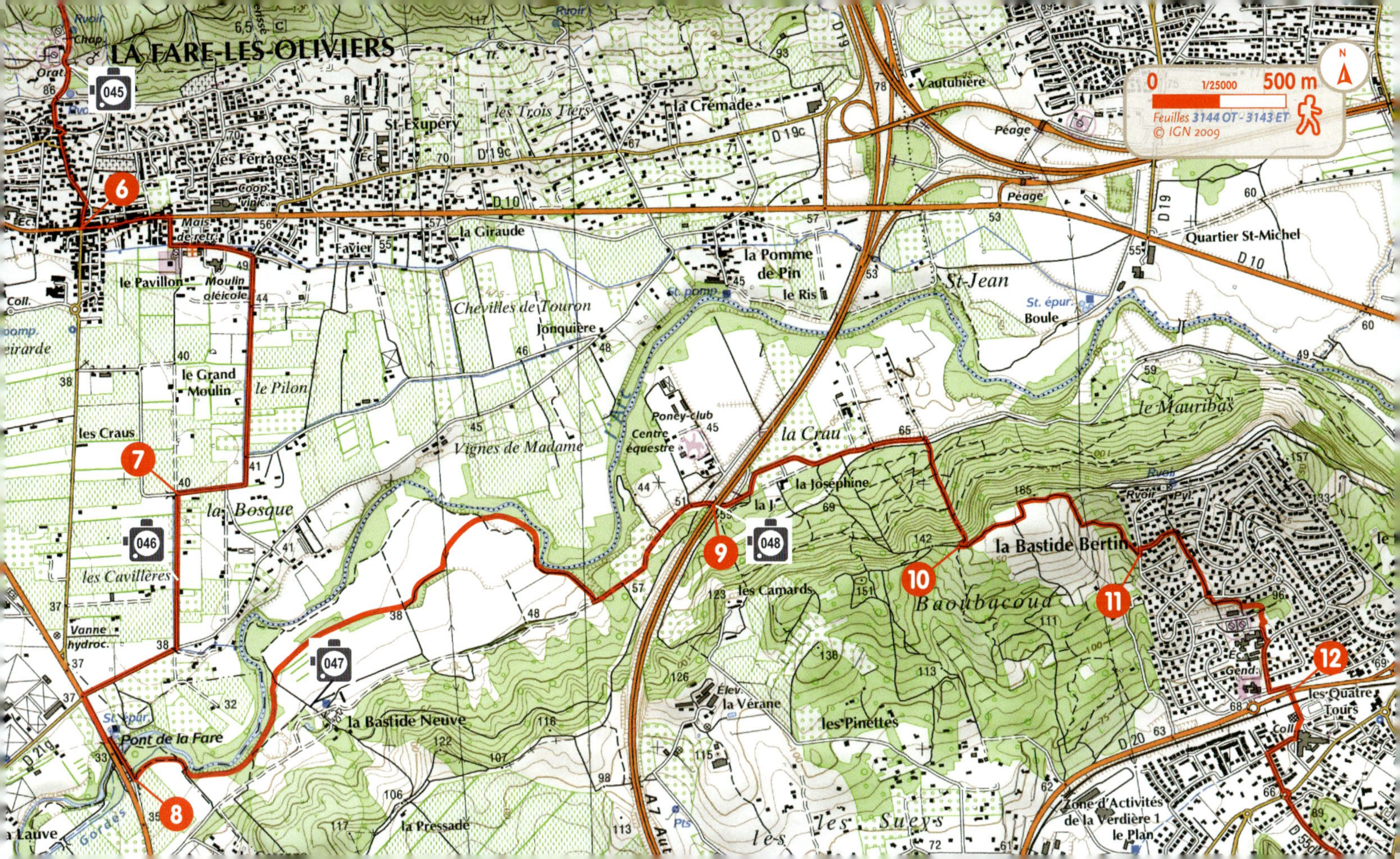

LA FARE-LES-OLIVIERS
0
1/25000
500 m
Feuilles 3144 OT - 3143 ET
© IGN 2009
045
046
047
048
6
7
8
9
10
11
12
St-Exupéry
les Ferrages
la Crémade
les Trois Tiers
Vautubière
Péage
Quartier St-Michel
la Giraude
Favier
le Pavillon
Moulin oléicole
la Pomme de Pin
le Ris
St-Jean
Boule
Chevilles de Touron
Jonquière
le Grand Moulin
le Pilon
les Craus
Vignes de Madame
Poney-club
Centre équestre
la Crau
le Mauribas
la Joséphine
la Bosque
les Cavillères
Vanne hydroc.
la Bastide Bertin
les Camards
Baoubacoua
la Bastide Neuve
la Vérane
les Pinettes
les Quatre Tours
Pont de la Fare
la Pressade
les Sueys
Zone d'Activités de la Verdière 1
le Plan
la Lauve
Gordes
D 10
D 19
D 19c
D 20
A7 Aut

De La Fare-les-Oliviers à Velaux (arrêt de bus Les Quatre Tours) | 10 km | 2 h 30

À La Fare > (Cartreize n° 16 vers Aix et n° 17 vers Vitrolles)

6 Du Cours Charles-Galland (centre-ville), prendre à gauche l'avenue Louis-Pasteur (D10) qui passe devant l'église. Juste avant la sortie du village, tourner à droite avenue du Pavillon. Devant le monument historique du Pavillon **(18e s. ; jardin, puits, bassin, mur de clôture et promenade, parc, et à l'intérieur, deux pièces avec leur décor Art Déco)**, continuer à gauche, puis emprunter à droite **le chemin des Teses qui traverse des champs de vignes et d'oliviers. La route tourne à droite – vue sur La Fare-les-Oliviers, ses collines et la tour de Guet.**

7 Prendre à gauche le chemin de la Bosque n°1. Un plus loin, il passe **sur un canal** et tourne à droite pour rejoindre la RN113. La longer à gauche, puis passer sur l'ancien pont de l'Arc. **Remarquer à droite, derrière le nouveau pont de la Nationale, un pont submersible permettant le franchissement de l'Arc pour les convois exceptionnels qui amènent, du monde entier, les pièces détachées du projet de fusion nucléaire Iter. Un des principaux cours d'eaux de la métropole, l'Arc est un petit fleuve* côtier provençal (environ 3 m³/s), qui prend sa source au pied du mont Aurélien (Var) et se jette dans la mer de Berre dans un petit delta. Sa longueur est de 85 km. Son bassin versant traverse 30 communes. Parmi ses affluents, le promeneur du GR®2013 traversera ou longera la Luynes à Gardanne et le Bayon à Beaurecueil. Le bassin de l'Arc a toujours connu des crues plus ou moins fortes ; mais le 20e siècle est particulièrement riche en crues (44 crues recensés). En zone urbaine, l'Arc déborde à partir d'une crue décennale ; la ville de Berre-l'Étang est un secteur vulnérable.**

8 50 m près un petit pont, au bout du parapet et avant la ruine, bifurquer à gauche pour emprunter un sentier **qui longe le canal de la Gorde et rejoint un chemin au bord de l'Arc**. Suivre la rivière jusqu'à un rond-point, que l'on contourne par la gauche. Prendre la piste sur environ 1,5 km, puis retrouver les rives de l'Arc. À une piste, la prendre à gauche.

9 Passer sous le pont de l'autoroute* (A7). Rester sur la route pendant 800 m environ, et face à des barrières, s'engager à droite (alt. 65 m) sur un chemin qui s'élève fortement dans la colline du Baoubacoua, pour atteindre le plateau (alt. 150 m).

10 Continuer à gauche sur ce chemin qui offre de belles échappées sur La Fare-les-Oliviers, ses collines, la mer de Berre **et les vastes champs de serres de la plaine agricole de Berre, premier centre de culture hors-sol sous serre de France, avec une production annuelle de 2 200 tonnes de tomates**. Suivre le chemin principal qui passe sous des fils électriques, descendre vers le lotissement de la Bastide Bertin. **Cette plaque de pavillons occupe exactement la partie de la pinède détruite par un incendie accidentel du début des années 1960.**

11 Après une barrière, traverser l'avenue du Maréchal-Ney pour prendre un peu plus haut à droite l'allée Lannes. Au fond de la rue, prendre le passage piéton aménagé. Après une volée d'escaliers, tourner à droite et longer les villas pour rejoindre une route. La longer par un sentier qui coupe le virage. Prendre à gauche le parcours santé sur 50 m, puis descendre à droite par des escaliers pour sortir du parc. Rejoindre une route, puis tourner à gauche pour traverser la D20 (passage piéton) et se diriger vers les arrêts de bus.

Carte réalisée avec Florence Verdin, archéologue, et Nicolas Mémain, chargé de SCOT celte.
Voir : La ville perchée, récit d'hospitalité N°2, *éditions Communes, 2011, avec Martine Derain.*

LES OPPIDA CELTES DANS LA NUIT DU TEMPS
Une collection de Christine Breton

Les oppida* sont des habitats agglomérés, perchés et fortifiés, des traces de temps plus ou moins lisibles au bord du GR®2013. Cette collection va du plus ancien habitat, situé à 3 663 années du topo-guide (camp de Laure) au plus jeune, habité encore aujourd'hui (Cornillon). Tous les oppida représentés ne sont pas occupés en même temps. Ils se déplacent à l'intérieur d'un même territoire exploité.
Qui vit dans ce paysage ? Cette métropole en réseau est appelée celte, par les étrangers grecs, puis gauloise, par les Romains. Mais avant, comment ses habitants la nommait-elle ? On ne sait. Le GR®2013 l'a fait émerger de la nuit, elle devient *l'Ancienne Métropole*, le récit de fondation des boucles.

la Bastide Bertin
Baoubacoua
le Mauribas
le Levun
Maraloubine
les Puits du Saule
Roquepertuse
les Tailhades
Coop. vinic.
Collet de l'Aigle
les Restoubles
Oppidum
Prends-toi Garde
la Thérèse
les Quatre Tours
la Bastide Neuve
les Pinettes
la Vérane
la Degaye
Autoroute
VELAUX
Ste-Propice
Val des Vignes
les Barjaquets
Bel-Air
les Brets
Vallat de Monsieur
la Brêche
le Collet Redon
la Verdière
la Gaillarde
la Tuilière
la Grande Bastide
Dépôt hydroc.
St-Jean du Figuier
du Soleil
la Bastianne
les Levades
les Faucounières
Échangeur de Berre Rognac
Saragousse
Plateau du Gr
Tr de guet
ROGNAC
le Petit Vacon
les Frégates
les Pugettes
les Ferrages
la Tête Noire
Gare
le Jas d'Arbaud
le Castellas
les Pradeaux
les Bories
Domaine de la Plantade
Salvarenque
le Grenadier
les Cadesteaux
Radar
l'Agneau
les Cadenières
Belle-Vue
le Rocher
VITROLLES
le Fouquet
Pont du Baou
Magenta
les Collets rouges
Centre équestre
la Plaine
les Vignes
0
1/50000
1 km
Feuille 3144
© IGN 1997
049
050
051
9
10
11
12
13
14
15
16
17

De Velaux à la corniche de Vitrolles (réservoirs) | 12 km | 3 h

À Velaux > (Cartreize n°15 vers Aix-en-Provence du lundi au samedi)

12 Au passage clouté, passer sous la voie ferrée. Tout de suite après le complexe sportif, prendre à droite entre la salle Roger Couderc et le collège Roquepertuse (arrêt bus Cartreize). Au croisement, s'engager à gauche, et au rond-point, continuer tout droit en direction du centre-ville (D55d). 350 m plus loin, juste avant l'arrêt de bus de la Péraude, bifurquer à droite (place du Capitaine-Henri-Pierret) pour emprunter la rue qui monte jusqu'au panneau du Lotissement la Péraude (jonction avec la D55d). Prendre à droite, et s'élever vers le centre-ville par la chemin de la Garette et la rue Thiers. **Du château, vue sur la mer de Berre et le plateau de Vitrolles.** Descendre par la Montée du château, puis à droite la rue du Bari et de suite à gauche par la Grand Rue.

13 À l'intersection avec la D55, suivre à droite le chemin du Vallon du Duc sur 1500 m à travers des oliveraies. À la fin de la route goudronnée, prendre à droite le chemin (AR 101). Après deux villas, le chemin s'élève, dans la pinède, vers la droite jusqu'au plateau. **Départ de balade (cf. topo-guide des Bouches-du-Rhône, p. 86) vers l'aqueduc de Roquefavour, le plus grand aqueduc en pierre de tailles du monde (Frantz-Mayor de Montricher*, 1840-1848) portion du canal de Marseille qui permet ici à l'eau de Durance de franchir la vallée de l'Arc à une hauteur de 80 m environ.**

14 **Vue sur le complexe pétrochimique de Berre, comprenant sur 1000 ha la raffinerie Shell et le vapocraqueur* de LyondellBasell (production de polypropylène et de polyéthylène). On bascule de la plaine de l'Arc à la cuvette de Vitrolles. Dans les années 1930, le regroupement d'industries aéronautiques autour de l'étang de Vaïne (partie orientale de la mer de Berre) a formé ce grand complexe : grandes bases d'hydravion (hangars reconvertis en piscine municipale à Berre), aéroport de Marignane et usine Eurocopter. De l'autre côté, à main gauche, le plateau de l'Arbois, désormais zone Natura 2000*, bientôt propriété du Conservatoire du Littoral.** Suivre le sentier pendant 1 km environ. À un croisement en bordure de plateau, prendre à gauche vers le pylône électrique et suivre la corniche pendant 2,5 km. Après la croix de Rognac, suivre le bord de la falaise jusqu'à ce qu'une épingle ramène vers une route goudronnée.

15 La prendre à gauche et la suivre (montée en lacets). À un croisement, prendre la piste à droite (plein Sud). Après la barrière au croisement, s'engager à droite pour reprendre le chemin en bordure de corniche. **On passe auprès du radar de Vitrolles, en forme de *tee* de golf surmonté de sa balle (un des radars de l'aéroport Marseille-Provence).** 100 m avant le radar, prendre à gauche et longer la carrière et poursuivre tout droit, jusqu'au croisement du réservoir.

De la corniche de Vitrolles à la gare Aix-TGV | 9 km | 2 h 15

À la corniche de Vitrolles > (Cars vers Marseille à la gare routière de Vitrolles, à 1,5 km)

16 *Hors GR : En dévalant la piste depuis le réservoir, on est à 200 m du vieux village de Vitrolles, dit le Rocher ou le Roucas.* Après le réservoir, continuer tout droit pendant 100 m et, à une fourche, poursuivre à gauche sur le chemin AR 112. On quitte alors la corniche pour s'engager vers l'Est, à l'intérieur du plateau. Suivre cette piste pendant 2 km environ, qui passe devant le parc public de

Salvarenque
le Grenadier
le Pouchon
Centre d'enfouissement technique
la Bastide Neuve
Magenta
les Collets Rouges
Centre équestre
Vallon de Cantarel
Vallon de Rouard
Vallon du Pinchinier
Vallon de la Bayle
Ste Catherine
les Vignes
le Rocher
VITROLLES
les Hermes
les Plantiers
le Bosquet
les Pins
Valbacol
École nationale des sapeurs-pompiers
Ball-trap
Gare de l'Arbois
les Pierres
16
17
18
052
053
054
055
0
1/30000
600 m
Feuilles (réduites) 3143 ET
3145 ET
© IGN 2009

Magenta avant de rejoindre une route. La prendre à droite jusqu'au centre équestre Les Collets rouges. **Le vallon de Valbacol offre ses paysages de western (qui ont servi en 2012 de décor représentant le Mali, pour le tournage de la série *No Limit* de Luc Besson).**

17 Poursuivre la route pendant 900 m, puis juste après un virage en lacet, prendre à gauche le sentier vers le Nord-Est et longer le champ du centre équestre. Traverser le thalweg du vallon de la Bayle et monter la colline par un sentier raide et caillouteux. En haut, rester sur la crête. Passer sous les fils de haute tension. Se diriger vers le haut de la cote (être attentif au balisage : nombreux sentiers) pour atteindre un sentier en corniche. Poursuivre à droite jusqu'à un cirque. **On passe à proximité du compost urbain (déchets des parcs et jardins). À l'intérieur du centre d'enfouissement technique (CET), installé à l'extrémité occidentale du territoire aixois, sur la frontière avec Vitrolles, une unité de méthanisation innovante a été mise en œuvre par la Communauté du Pays d'Aix.**

18 En contrebas du CET, on est dans **un petit vallon qui fut, pendant et après la Seconde Guerre mondiale, le théâtre dit Marlène-Dietrich, scène de plein air où venaient se distraire les soldats américains (près de 100 000 GI's sur le plateau de l'Arbois, dans ce qui était une véritable ville)**. Prendre le sentier à gauche en bordure du grillage, puis monter tout droit. À environ 75 m, prendre le sentier à droite qui fait des montagnes ruses. Monter à gauche pour rejoindre un chemin, et le prendre à droite. Au premier croisement, filer à gauche, puis au deuxième, aller tout droit vers le pylône électrique. À la route goudronnée, la suivre à droite. À l'intersection, prendre à gauche, direction Aix-TGV. Traverser le parking de la gare puis sur le passage piéton, virer à droite vers la gare.

Le théâtre dit "Marlène-Dietrich".
PHOTOMONTAGE HENDRIK STURM

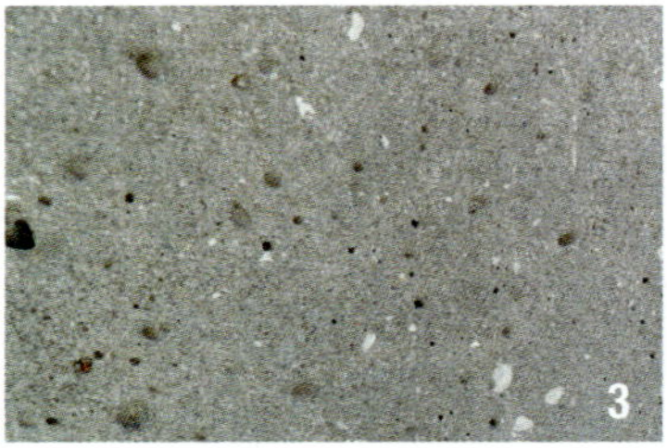

États d'épidermes

1. Calcaire tendre, probablement des carrières de Fontvieille. Pierre de taille de la Tourette de F. Pouillon, Marseille. **2.** Coquillages, plage du Jaï. **3.** Béton sablé, haute pression. Parapet SNCF, gare de l'Arbois. **4.** Enduit ciment brossé. Maison de ville, N.-D. de la Garde, Marseille. **5.** Appareillage incertain de moellons de pierre froide blanche, avec une pierre rose de la Couronne. Traverse de l'Alliance, quartier de la Madrague-ville, Marseille. **6.** Enduit grésé teinté jaune. Mur de clôture de villa à Salon-de-Provence. **7.** Béton bouchardé. Ouvrages de l'autoroute Nord de Marseille. **8.** Enrobé bitumineux de graviers multicolores. Route du terril des boues rouges*, Vitrolles.

9. Béton banché, grandes banches métalliques. Pont de l'autoroute A7 sur la Cadière, Vitrolles. **10.** Béton bouchardé. Vespasienne préfabriquée de la gare de Pas-des-Lanciers. **11.** Gros béton sans armature. Piste d'entretien du parc des Bruyères, Marseille. **12.** Mur en empilage de tuiles mécaniques maçonnées. Tuilerie des Milles, Aix-en-Provence. **13.** Bétons désactivés lavés. Trottoirs du bd du Littoral, Marseille. **14.** Pierre froide dite de Cassis. Appareillage réticulé de moellons de 30 et harpage régulier de la voûte du tunnel-canal du Rove, Marignane. **15.** Colonne dorique en béton moulé dans du polystyrène. Village expo, Plan-de-Campagne. **16.** Mauvais béton agricole. Hôpital de l'ancien camp militaire américain, Cabriès.

Une collection de Nicolas Mémain

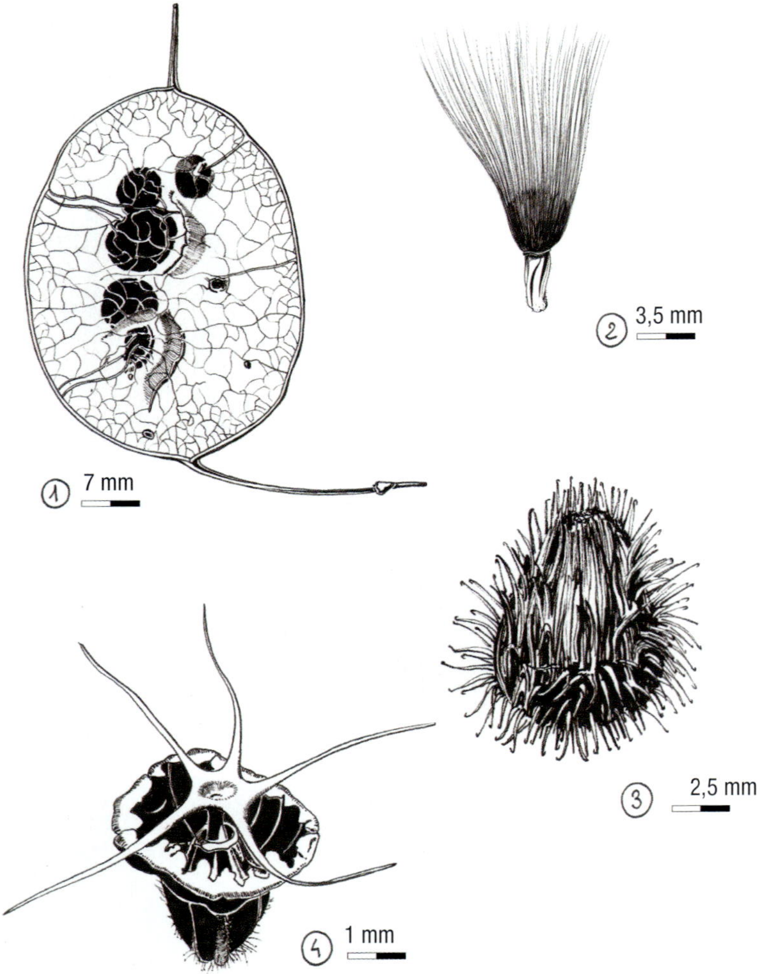

Graines des abords du GR®2013

1. Monnaie-du-Pape *Lunaria annua*
2. Cirse des champs* *Cirsium arvense*
3. Bardanne* *Arctium lappa*
4. Scabieuse *Scabiosa arvensis*
5. Erable champêtre* *Acer campestre*
6. Bec de cigogne *Erodium cicutarium*
7. Chêne kermès* *Quercus coccifera*
8. Carotte sauvage* *Daucus carota*
9. Ailante *Ailanthus altissima* (cf. p.124)

* = Graine comestible

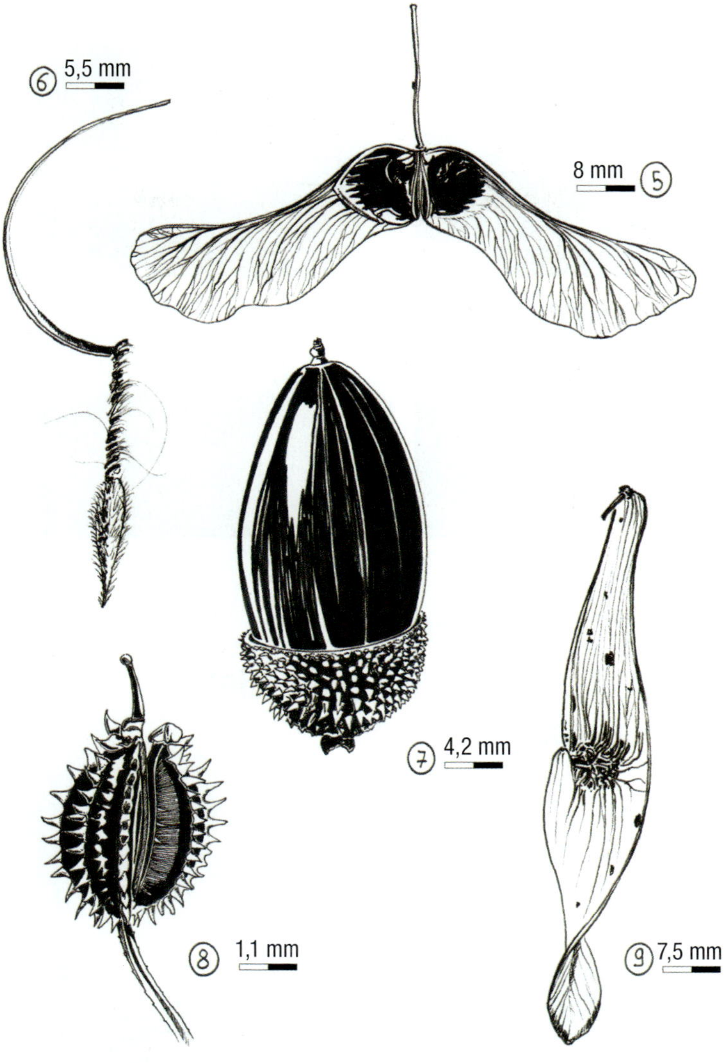

Architectures minuscules

Une collection de SAFI [Collectif d'artistes]

Zones* de pipes
une collection de Christophe Galatry
‘Par ce passage, infranchi’

Page de gauche (de gauche à droite)
Hangar industriel. Zone de la Mérindole, Port de Bouc, 2011.
Chaudronnerie pipes (sous-traitance Arcelor). Zone de la Feuillane, Fos-sur-Mer 2009.
Hangar chaudronnerie (sous-traitance Arcelor). Zone de la Feuillane, Fos-sur-Mer 2012.
Pipe-line Arcelor. Fos-sur-Mer, 2010.
Hangar chaudronnerie. Zone des Valins, Fos-sur-Mer, 2009.
Hangar industriel. Zone de Ponteau, Martigues, 2007.
Pipe-line zone Lavera. Terminal pétrolier, Martigues 2007.
Pipe-line zone Lavera. Antenne GPMM, Martigues 2007.

Page de droite (de gauche à droite)
Pipe-line zone Lavera. Côte bleue, Martigues, 2010.
Pipe-line avant enfouissement. Zone Lavera, pont de Caronte, Martigues, 2010.
Pipe-line zone Lavera. Terminal pétrolier, Martigues 2011.
Pipe-line zone Lavera. Saumoduc, Martigues, 2007.

LE CHASSEUR

Le chasseur est un homme des collines. Il en use et en usage les paysages, de la chaîne de la Nerthe aux dénivelés de la Sainte Baume, des terrains industriels de Lavéra aux jardins délaissés des bastides en ruine.

Le chasseur marcheur n'aime pas le « viandard » qui attend embusqué et qui tire sans mériter la quête de l'animal. Il aime la colline pour ses multiples ressources : ses asperges sauvages, sa farigoule, ses olives, ses limaçons et, quand rien d'autre ne se présente, ses petits fagots de bois. Toujours quelque chose à ramasser, à observer, à ramener. Ce chasseur-là ressource à son tour la colline en lui ramenant la faune, l'eau, les tailles d'arbres ou le débroussaillage dont elle a besoin.

Et quand il laisse un peu trop traîner ses cartouches vides et colorées sur les sentiers, certains s'en servent pour les mettre à l'oreille, il paraît qu'on y entend la mer...

L'ARTISTE

L'artiste n'aime pas trop rester sur le chemin. Alors quand il s'agit de dessiner LE chemin, l'artiste questionne, rouspète, cherche comment trouver la manière et l'itinéraire qui lui permettra de partager ses récits discrets, sous la lumière brûlante d'un événement monstre aux 1000 têtes.

L'artiste cherche ainsi la forme qui dira la métropole avant l'aube (regardez la vue aérienne de Marseille-Provence la nuit...) ; il enquête sur les anfractuosités d'un passage, d'une traversée ; il ralentit la marche jusqu'à ce que son corps nous raconte l'étrangeté du tout proche ; il cherche comment dire les usages, les petites richesses de ces bouts de villes et de nature entremêlés en désordre ; il suit le fil de monuments inavouables, de réseaux fragmentés et de strates politiques qui façonnent le dialogue complexe entre l'homme et ce terroir.

Quand l'artiste a cessé de chercher, il nous invite, et alors on part marcher. La vie recommence.

LE PÈLERIN

Le pèlerin marche longtemps, très longtemps. Pour le pèlerin, la marche est primitive, la marche est l'endroit premier et fondamental de ce qui fait homme.

Alors aujourd'hui, il marche pour ne pas perdre cette humanité malmenée, il marche le long de formes symboliques nommées parfois GR® qui relient des histoires, des textes et des territoires.

Il pense que c'est ainsi qu'on retrouve l'endroit d'une puissance, celle de la liberté et du corps-esprit, mais aussi l'endroit d'une extrême fragilité, celle qui oblige à la confiance et à la rencontre avec l'autre, celui qui toujours l'accueillera.

LE SPORTIF

Le sportif aime à la fois se perdre et toujours améliorer son temps, son rythme, son effort.

Alors le sportif ne marche pas, il court.

Il court sur le sentier, le même pour encore mieux le maîtriser, et il court en dehors du sentier, pour encore se laisser surprendre.

Le sportif aime la montagne dans la ville, grimper dans l'alpin des collines et redescendre à flanc de cités, accompagnés des gosses du quartier.

Il court, et tous courent avec, tout droit.

Figures de marcheurs périurbains
une collection de Julie de Muer

LE FACTEUR

Le facteur est un grand connaisseur de l'habitat périurbain. Boulevard, avenue, traverse, impasse, il les marche tous, exhaustivement. Rares sont ceux qui vivent aussi concrètement que lui la forme urbaine, ses circulations ou ses enclaves. Il expérimente la marche comme un moyen de transport, un moyen qui remet néanmoins en cause les fins.
Le facteur est à la fois curieux et pratique. Il cherche à rejoindre le plus rapidement deux points, et sur le chemin trouve intérêt à tout ce que la voiture ne lui permet pas d'appréhender. Le facteur rêve de cette ligne qui nous relierait les uns aux autres dans la très grande ville, car le facteur est un vrai marcheur de l'utopie.

L'HABITANT

L'habitant ne savait plus où il habitait. Une drôle d'amnésie lui faisait penser qu'il ne reconnaissait plus sa ville. Alors il ne bougeait presque plus, pas à plus de dix mètres de l'arrêt du bus ou de la voiture garée en vrac.
La marche est advenue comme une nécessité, un test de survie pour vérifier qu'il savait toujours aller jusque là-bas, et jusqu'ici.
Alors le corps s'est remis à respirer, puis à parler, puis à penser. L'habitant s'est saisi des bribes de mémoires, les siennes ou celles qui dérivaient toutes proches.
Il s'est aussi muni des traces laissées par les érudits et les artistes, et tranquillement, de plus en plus collectivement, il a commencé à les marcher dans sa ville périphérique.
Il en a fait des promenades, il a invité ses voisins et même quelques touristes.
Cet habitant est un marcheur hospitalier.

LE BIFFIN* CONTEMPORAIN

Par la force des choses et au gré des expulsions sucessives, les membres de la communauté rom ont acquis une connaissance particulièrement fine des territoires urbains et périurbains, de leurs pleins et de leurs vides. Leur métier de biffin, qui les amène à arpenter chaque jour la ville dans ses moindres recoins (plusieurs dizaines de kilomètres par jour), leur a donné par ailleurs une connaissance détaillée des rues, des impasses, des passages.

Figures librement inspirées de conversations avec Christine Breton, Arnaud Denjean, Benoit Frontéri, Guilhem Granier, Jacky Halter, Dalila Ladjal, Laurent Malone, Nicolas Mémain, Mathias Poisson, Georges Reynier, Hendrik Sturm. Merci à eux.

LE RANDONNEUR

Le randonneur aime marcher à plusieurs. Il a d'abord voulu prendre soin de sa santé et s'est peu à peu rendu compte qu'il se transformait. La marche l'a reconnecté à l'histoire, aux savoirs, aux paysages, et lui a donné le goût de l'échange. La marche l'a même rendu un peu aventurier.
Le randonneur va plutôt chercher du côté de la nature et des contrées agricoles. Mais il se souvient de l'histoire citadine des Excurs* et aime à se rappeler son pionnier Paul Ruat. Le randonneur aime les longues marches que l'on mesure en kilomètres mais, depuis quelques mois, il commence à apprécier l'histoire du béton et les lisières des villes.

une collection de Geoffroy Mathieu

Empêchements

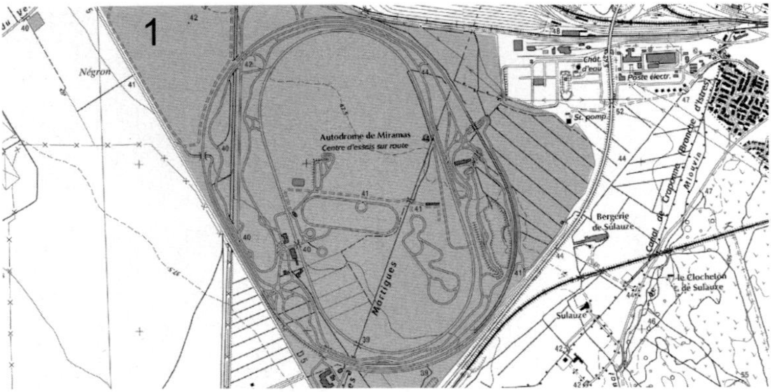
1
Négron
Autodrome de Miramas
Centre d'essais sur route
Martigues
Chât. d'eau
Poste électr.
St. pomp.
Bergerie de Sulauze
le Clocheton de Sulauze
Sulauze

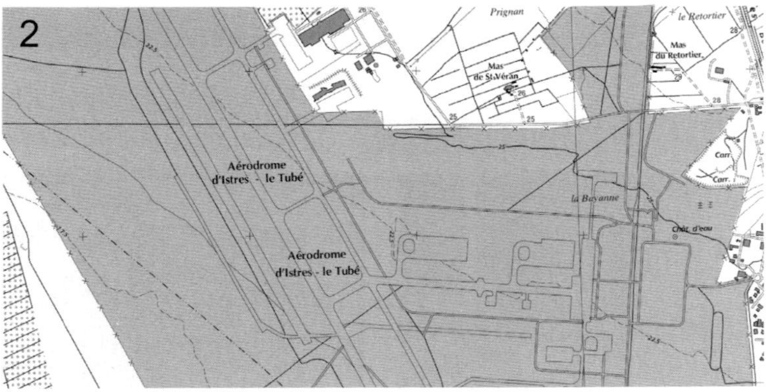
2
Prignan
le Retortier
Mas du Retortier
Mas de St.Véran
Aérodrome d'Istres - le Tubé
Aérodrome d'Istres - le Tubé
la Bayanne
Chât. d'eau
Carr.
Carr.

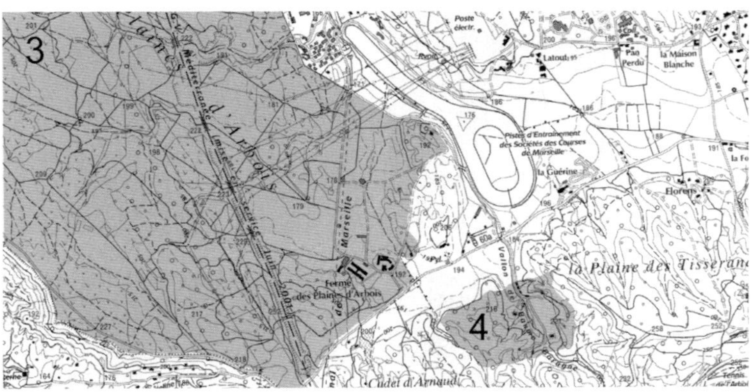
3
Poste électr.
Latour
Pan Perdu
la Maison Blanche
Pistes d'Entraînement des Sociétés des Courses de Marseille
la Guérine
Marseille
Ferme des Plaines d'Arbois
4

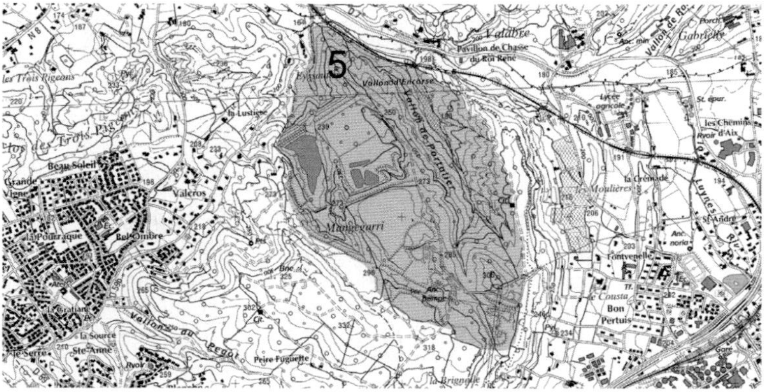

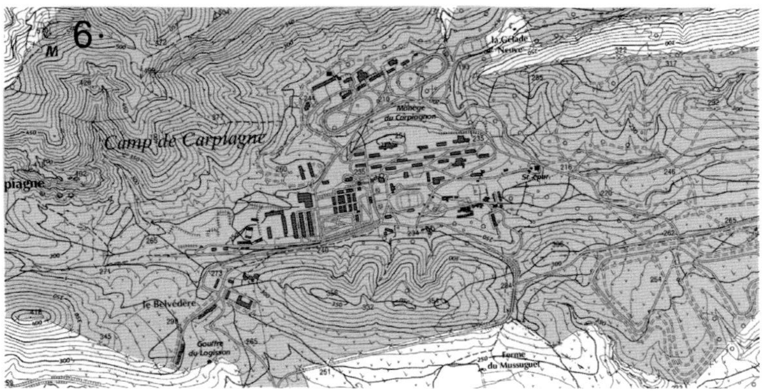

Lieux de forclusion

Une collection de Hendrik Strum

1. Centre d'essais sur route BMW, Miramas.
2. Base aérienne 125, Istres.
3. Chasse privée des plaines d'Arbois, Cabriès.
4. Dépôt d'explosifs civils EPC-France (ex Nitro-Bickford), Cabriès.
5. Stockage de résidus de bauxite, Bouc-Bel-Air.
6. Camp militaire de Carpiagne, Marseille.

1.

Marqueurs du métabolisme urbain

une collection de Bryan Connell

Minuscules points de gigantesques réseaux. Typologie iconographique d'écologie industrielle. Anthropologie visuelle de systèmes de design.

2.

3.

1. Poteaux électriques – système moteur.
2. Branchement du gaz – distribution d'atmosphères archaïques.
3. Marqueurs géodésiques – arpenter et encarter le territoire.
4. Poinçons téléphoniques – connexion des voix humaines.

4.

Ce qui traîne par terre au plan d'Aou (à Marseille près de Saint-Antoine), ce qui est là, contre le sol, posé sur la terre, au bord des chemins et qui attire l'œil discrètement.

1. barrière temporaire à l'entrée du parc de Séon jouxtant les travaux des nouveaux immeubles du rond-point Foresta / 2. épée en plastique avec son bouton en état de marche qui, actionné, reproduit le bruit d'une épée métallique au combat / 3. bloc de béton épais à proximité des grillages temporaires des futurs immeubles des Terrasses de la Méditerranée / 4. grosse bobine solitaire à proximité de l'ancienne chaufferie centrale du plan d'Aou / 5. bouche d'arrivée d'eau et sa colonie d'escargots boulevard Millie-Mathys / 6. cendres et pierres d'un barbecue fraîchement éteint sur les pentes entre plan d'Aou et la Bricarde / 7. seau plein de mistral sur le chantier de l'ex-Maison pour Tous du plan d'Aou / 8. pierres entassées sur le terrain de jeu du jardin public de la Castellane au pied de Verduron / 9. long escalier sous le pont de la voie de chemin de fer à proximité de la gare de Saint-Antoine / 10. tas de terre et gravas en face de l'ancien terrain de foot défoncé à proximité du boulevard Falcot

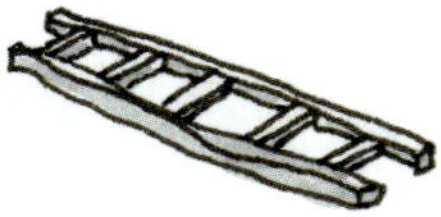
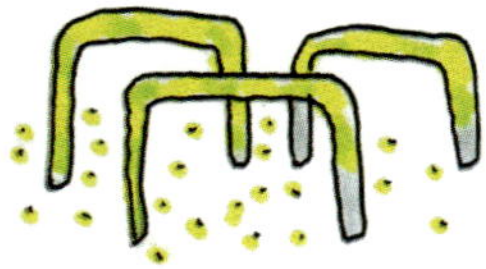

Ce qui traîne par terre au plan d'Aou

une collection de l'agence touriste

11. plante vivace dans le hall de la MJC du plan d'Aou / 12. barrière s'ouvrant et se fermant sur des sons rouillés dans le parc de Séon-Grand Littoral / 13. sac plastique accroché à un arbre sur le boulevard des Corsaires / 14. deux immeubles de la Bricarde vus des pentes du plan d'Aou / 15. échelle oubliée par les ouvriers sur le bord du chantier des terrasses de la Méditerranée / 16. barrière anti-vélo anti-poussette près du jardin d'enfant derrière le bâtiment des Pétrels A / 17. pneu de voiture du simili-garage de plein air sur l'esplanade du plan d'Aou.

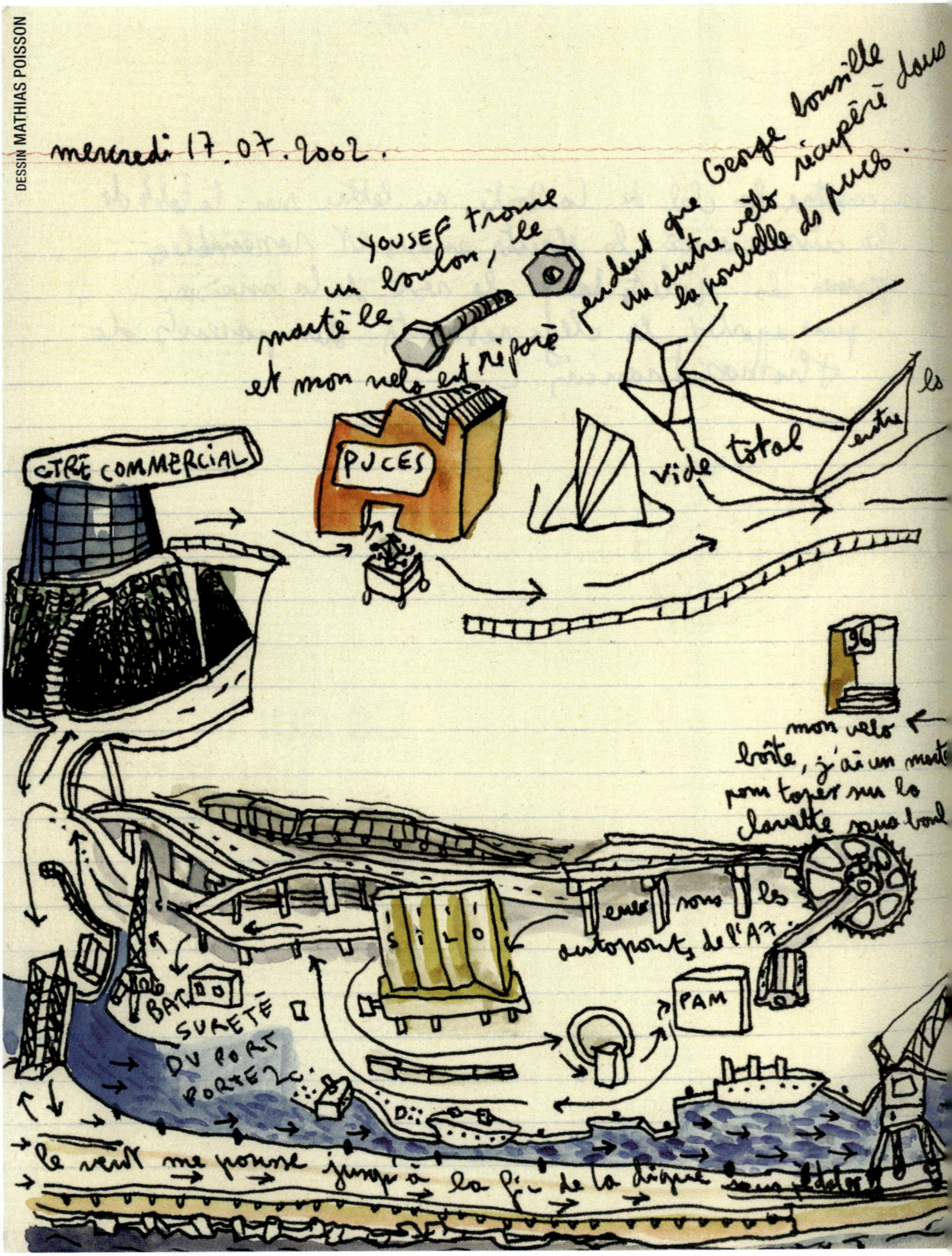

DESSIN MATHIAS POISSON

La seconde boucle du GR®2013
Autour du massif de l'Étoile

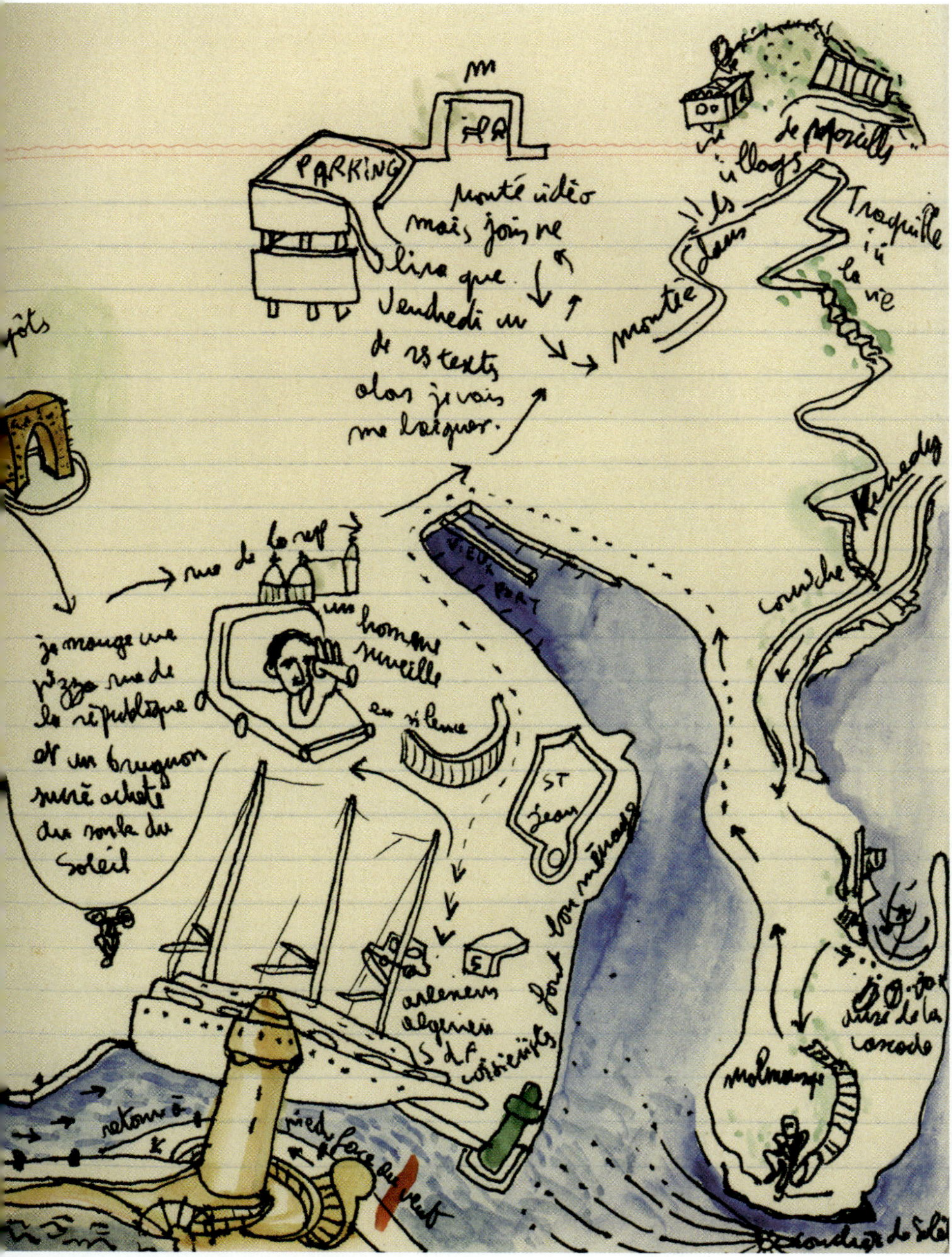

Marseille Nord
PHOTO GEOFFROY MATHIEU

Quatrième séquence
De la gare Aix-TGV à Marseille (La Valentine)
60 km

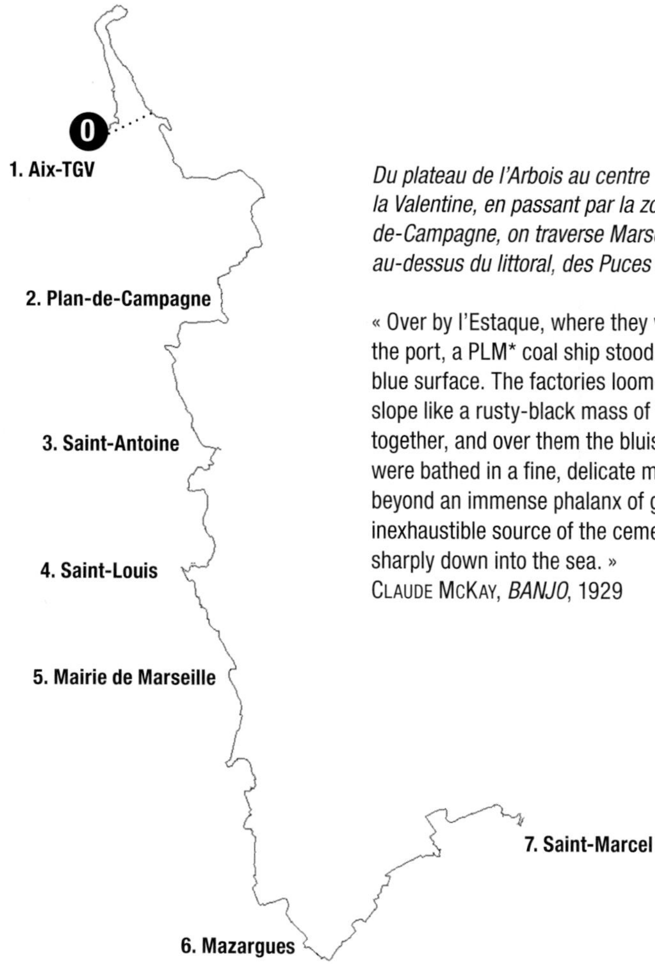

Du plateau de l'Arbois au centre commercial de la Valentine, en passant par la zone de Plan-de-Campagne, on traverse Marseille en balcon au-dessus du littoral, des Puces au MUCEM.*

« Over by l'Estaque, where they were extending the port, a PLM* coal ship stood black upon the blue surface. The factories loomed on the long slope like a rusty-black mass of shapes strung together, and over them the bluish-gray hills were bathed in a fine, delicate mist, and further beyond an immense phalanx of gray rocks, the inexhaustible source of the cement industry, ran sharply down into the sea. »
CLAUDE MCKAY, *BANJO*, 1929

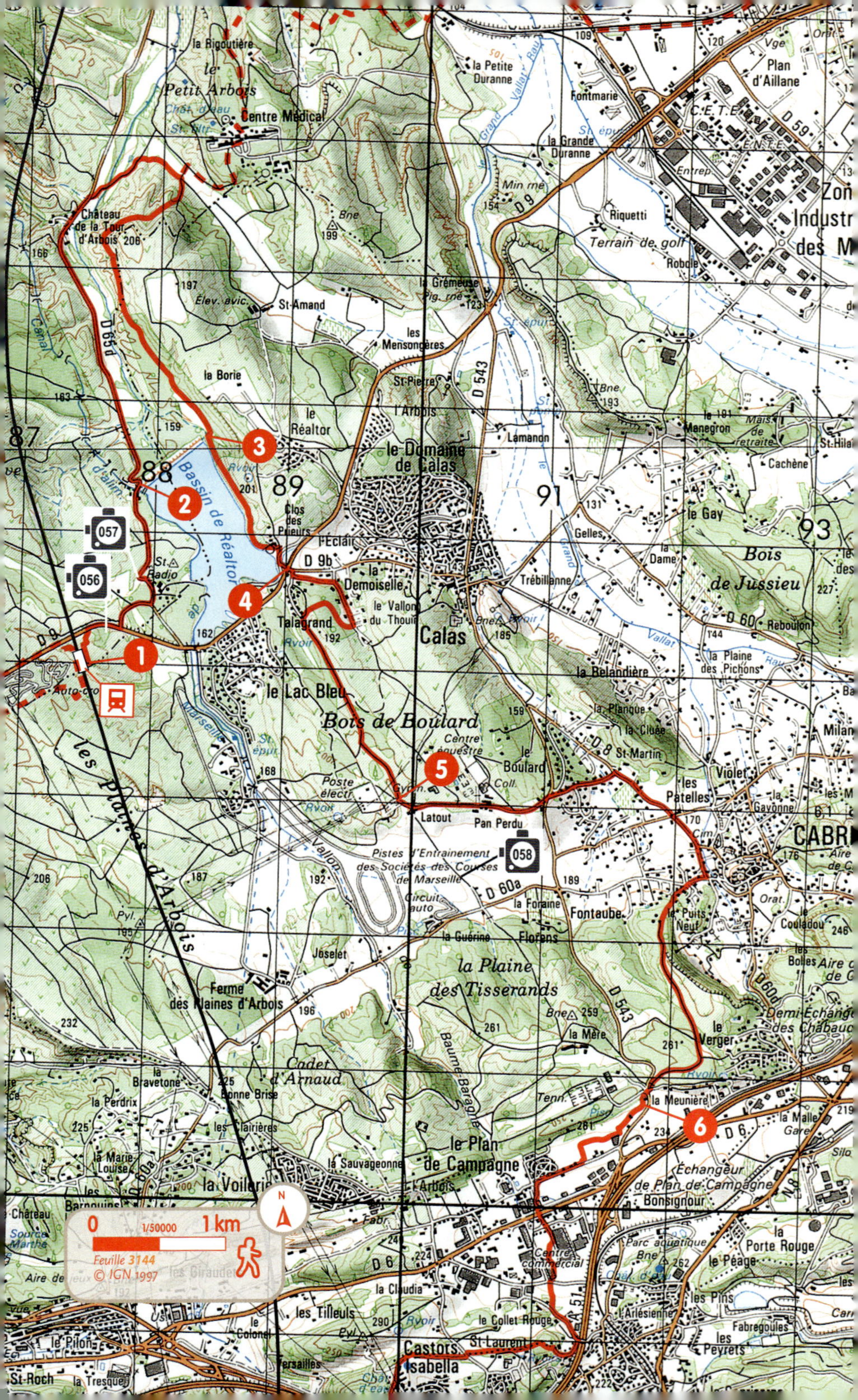

la Rigoutière
le Petit Arbois
Centre Médical
Château de la Tour d'Arbois
St-Amand
la Borie
le Réaltor
Bassin de Réaltor
Clos des Prieurs
l'Éclair
la Demoiselle
le Vallon du Thouit
Talagrand
Calas
le Domaine de Calas
St-Pierre
l'Arbois
les Mensongères
la Grémeuse
la Petite Duranne
la Grande Duranne
Fontmarie
Riquetti
Terrain de golf
Roboli
Plan d'Aillane
Zone Industr des M
Lamanon
Gelles
Trébillanne
le Gay
Bois de Jussieu
Menegron
Cachène
la Dame
Reboulon
la Plaine des Pichons
la Belandière
la Planque
la Clüée
St-Martin
le Lac Bleu
Bois de Boulard
Centre équestre
le Boulard
Poste électr
Latout
Pan Perdu
Pistes d'Entrainement des Sociétés des Courses de Marseille
Circuit auto
la Foraine
Fontaube
la Guérine
Florens
Joselet
la Plaine des Tisserands
les Plaines d'Arbois
Ferme des Plaines d'Arbois
Cadet d'Arnaud
la Bravetone
la Perdrix
Bonne Brise
les Clairières
la Marie Louise
la Voilerie
la Sauvageonne
le Plan de Campagne
la Mère
le Verger
la Meunière
Échangeur de Plan de Campagne
Bonsignour
Centre commercial
Parc aquatique
Porte Rouge
le Péage
les Pins
l'Arlésienne
Fabregoules
les Peyrets
les Patelles
Violet
la Gavonne
CABRI
Puits Neuf
Couladou
Demi-Échangeur des Chabaud
la Malle
le Collet Rouge
la Claudia
les Tilleuls
Castors Isabella
St-Laurent
le Pilon
St-Roch
la Tresque
Versailles
D 65d
D 9b
D 543
D 60
D 60a
D 6
D 8
D 9
D 59
0 1/50000 1 km
Feuille 3144
© IGN 1997

De la gare Aix-TGV à Plan-de-Campagne | 18 km | 4 h

À la gare Aix-TGV > (TGV toutes les heures vers Marseille, Avignon, Lyon, Paris TGV vers Bruxelles, Francfort. Cars très fréquents vers Aix-en-Provence et l'aéroport de Marignane.)

1 *Attention! Le portail Sud-Est ne mène pas à un itinéraire balisé du GR©2013, mais à Plan-de-Campagne par le bois communal de Boulard et le lotissement privé du Lac Bleu.*
Au portail Nord-Est, filer tout droit par-delà la rambarde vers un bosquet, et le contourner par la gauche, pour suivre la route à droite. Au carrefour, prendre la route à gauche direction « La Mérindole ». Cette petite route de campagne, fréquentée pour ses charmes divers, mène à travers pins au **bassin de décantation et de clarification du Réaltor. Suivons ici Paul Ruat: « Le bassin de Réaltor est établi sur une sorte de plateau concave, entouré de monticules qui forment la limite du partage des eaux, sauf du côté nord, où la naissance de la petite vallée de la Mérindolle a nécessité la fermeture du bassin par un magnifique barrage de 600 m de long et de 20 m de haut. » (*Excursions en Provence*, 1898)**

2 **Pour rejoindre l'autre rive du bassin, on ne peut plus suivre les pas de Ruat et traverser le grand Torrent (lâchers d'eau et des crues décennales). Pour éviter ce danger, l'itinéraire balisé fait un détour de 6 km (1 h 30).** Suivre tout droit la route goudronnée D65d pendant 3 km environ (45 mn). 150 m après le domaine de la Tour d'Arbois, à la fin du pré, prendre à droite un petit chemin qui traverse le canal de Marseille et rejoint une piste qui s'élève en zigzag jusqu'à deux prés (chevaux). **Observer la présence de pipelines et d'une ligne à haute tension.** Emprunter à droite une piste qui s'élève assez abruptement, et se poursuit tout droit en corniche, offrant une vue imprenable sur la Tour d'Arbois. À un champ, le longer à gauche. On revient ainsi au point de départ: le bassin de Réaltor.

3 Juste après le barrage, devant les vannes de délestage, suivre un sentier qui monte à gauche, puis longer le bassin sur toute sa longueur, sans descendre sur la rive. **Observer la roche rose du plateau de l'Arbois, et les oiseaux de la ripisylve (milan noir, héron cendré, aigrette garzette, busard des roseaux...).** À la première fourche, prendre à droite. Peu à peu le ressac de la D9 se fait entendre, et le chemin descend et s'enfonce dans la ripisylve. Déboucher sur une route goudronnée abandonnée (l'ancienne D9), qui mène à un carrefour avec la D9 actuelle.

4 Traverser la D9 avec la plus grande prudence (⚠ 60 000 voitures / j.) et prendre à droite la rue Cézanne qui mène, tout de suite à gauche, au chemin du Rioulet. À la route en ciment, la suivre à droite pendant environ 400 m, puis trouver à droite une piste qui monte dans les pins. Après la grande courbe à gauche, suivre à gauche un sentier qui s'élève, et continue tout droit, parallèle à la piste. Lorsque le sentier rejoint la piste, prendre à gauche un sentier qui passe **sous deux lignes électriques successives, puis suivre à partir de là les bornes jaunes du pipeline de gaz. Vue à droite sur un important poste électrique, jusqu'au portail d'entrée EDF/RTE au niveau de la route.**

5 À la route, à gauche pendant environ 1 km (15 mn). Contourner le rond-point par la gauche et traverser la route pour trouver, derrière la statue de chèvre, la carraire du Boulard. À une route plus fréquentée (D8), la prendre à droite en direction de Cabriès. En bas du vieux village, à un gros chêne dans un virage dangereux ⚠, prendre à droite la rue de Fontaube. À la fourche, à gauche (route DFCI). À la barrière, s'engager dans la piste, qui se poursuit dans le bois de pins. On passe un vieux moulin, puis on rejoint un chemin de transhumance (poteaux directionnels). Un raidillon à droite mène à une piste qui se poursuit sur un plateau, jusqu'au rond-point que l'on contourne par la droite pour arriver à un deuxième rond-point, face à LEROY-MERLIN, où vos envies prennent vie. (200 m plus bas, arrêt du Cartreize n° 51.)

Image extraite de l'exposition "Vacances à Plan-de-Campagne" © STEPHAN MUNTANER

De Plan-de-Campagne à Marseille (Saint-Antoine) 9 km 2 h 15

À Plan-de-Campagne > (Cartreizes nombreux vers Aix et Marseille, dont le n° 51)

6 Traverser le parking de LEROY-MERLIN par la bande piétonne verte ; la suivre vers le magasin et le contourner par la gauche. Continuer tout droit sur le trottoir de gauche, entre MAXI ZOO et KING JOUET. Au niveau du TRUFFAUT, la rue tourne à gauche vers un rond-point creux et planté d'arbres. Prendre la première à droite, direction « Les Pennes-Mirabeau », par le chemin de la Grande Campagne, trottoir de gauche, en bordure d'un vaste parking de voitures (2012) pendant environ 500 m. Au rond-point, prendre à gauche (trottoir de gauche), jusqu'au rond-point du QUICK, que l'on contourne par la gauche en traversant la D6 avec prudence ⚠. Continuer tout droit, en laissant le magasin BUT sur votre gauche, et contourner le rond-point suivant par la gauche, en passant entre deux rangées de buissons, sous une affiche publicitaire, pour longer le BUT par la droite. 50 m plus loin, juste avant le BISTRO ROMAIN, s'engager à droite dans la bande piétonne (au niveau de la rangée n°32 du parking), et prendre tout de suite à gauche après une vingtaine de mètres. La bande piétonne zigzague au milieu du parking, en direction du multiplex PATHÉ, que l'on laisse à gauche. Derrière le bâtiment du PATHÉ, emprunter au niveau de la borne à incendie un petit chemin qui s'élève à droite vers les pins, juste avant le parking couvert de panneaux solaires. Le chemin mène à une petite route, le chemin des Collets-Rouges, ⚠ une route très fréquentée, qu'on emprunte à gauche et qu'on suit sur 300 m.

0
1/25000
500 m
N
Feuille 3415 ET
© IGN 1999
6
7
8
9
061
062
le Plan de Campagne
Cadet-d'Arnaud
Tennis de l'Arbois
Accrobranche
la Sauvageonne
l'Arbois
Vallon de Bellepeire
la Claudia
D 6
les Tilleuls
la Marguerite
Centre commercial
le Collet Rouge
Parc de loisirs aquatiques
Chât. d'eau
l'Arlésienne
Hop. spéc.
Versailles
Castors-Isabella
Mais. de retr.
St-Laurent
Gare
les Romarins
Lycée prof.
Stèle
Parcours sportif
Triangle de Septèmes
la Haute Bédoule
SEPTÈMES-LES-VALLONS
les Cadeneaux
le Moulin des Cadeneaux
Poste gaz
Poste électr.
les Tourelles
Clos Idéal
les Aureilles
la Gavotte
la Basse Bédoule
la Rocade
la Rougière
Val Cormes
Monaco
Notre-Dame
la Granière
les Bourrely
Val Sec
A 51
A 517
A 7
D 543
D 59c
N 8

7 Juste avant de traverser le pont Schuhl* au-dessus de l'autoroute, emprunter à droite la Carraire des Arlésiens qui s'élève au-dessus de l'autoroute, avant de bifurquer à droite dans la colline en devenant une piste en béton, puis un sentier entre deux clôtures grillagées. Suivre pendant 500 m environ **cette ligne de crête qui marque la frontière entre la communauté du Pays d'Aix (Les Pennes Mirabeau) et la communauté urbaine Marseille-Provence* métropole (Septèmes). Après le champ,** traverser la route et monter tout droit dans la traverse des Gazelles (direction « les Castors ») pendant environ 1 km. Au château d'eau (alt. 280 m.), flanqué de Castors*, le paysage bascule vers la mer de Berre.

8 À la fourche sous le pylône à haute tension, prendre à droite. Le chemin des Gazelles, bordé de pins, se poursuit en descendant entre une 2e série de Castors* et un boulodrome, jusqu'à un pont au-dessus de l'A7 (vue). Après le pont, la route remonte et culmine avec une belle série de hangars métalliques type Fillod*, où l'on s'engage à gauche dans le chemin des Fraises prolongé qui se faufile dans un petit lotissement spontané années 1930 (tuiles mécaniques provençales). Après la ligne à haute tension, poursuivre la route qui devient une piste (panneau « impasse »). À la fourche, deux barrières : traverser celle de droite, « LPM40 », pour emprunter un sentier qui descend dans les pins pendant 150 m, avant de redevenir goudronné. C'est de nouveau le chemin des Fraises prolongé, le poursuivre. À un croisement, continuer tout droit, poursuivre par le chemin des Fraises. Au bout, à la hauteur du pylône électrique, prendre à gauche la traverse des Fraises, qui descend au fond du vallon en frôlant l'autoroute.

9 Au croisement avec le chemin de la Bédoule (D59) qui passe sous l'autoroute, suivre à droite pendant environ 300 m cette route dangereuse ⚠ en restant sur le trottoir de droite. Contourner le rond-point par la droite, pour s'engager dans **un long parc linéaire. Cette promenade a été aménagée au-dessus du canal de Marseille busé (début des années 1990, gloriettes pergolas, ancien moulin). On suit l'empreinte du canal en bordure des jardins potagers à l'arrière des villas.** Après avoir traversé l'avenue de Saint-Antoine, continuer tout droit jusqu'à la fin du parc, qui se termine par un sentier en lacet menant à une petite route : le chemin des Bourrelly.

C'est ici (au point n°10) que le GR®2013 se divise en deux pour traverser Marseille de deux façons : par le littoral et par le terroir.
L'itinéraire décrit dans les pages qui suivent part à droite (variante littorale). L'autre, qui file à gauche dans le massif de l'Étoile et le terradou marseillais (variante du terroir), est décrit p. 117.*
À travers les 240 km² du territoire de la commune de Marseille, l'ensemble des deux variantes forme une boucle de 70 km environ (3 à 4 jours de marche).

DESSIN AURORE SALOMON

0
1/25000
500 m
Feuille 3415 ET
© IGN 1999
N
9
10
11
12
13
063
Monaco
Notre-Dame
les Bourrely
Hôpital Nord
le Mont-d'Or
la Gavotte
les Bastides
la Martine
St-Antoine
la Savine
la Bricarde
Plan d'Aou
Borel
les Dévots
Centre commercial
la Viste
Tuilerie
St-André
les Aygalades
Gare de Mourepiane
Mirabeau
St-Louis
les Quatre Chemins
Formes de radoub
Autoroute du

De Saint-Antoine à Saint-Louis (arrêt Lycée Nord) | 5 km | 1 h 15

À Saint-Antoine > (TER vers Aix et Saint-Charles ; bus nombreux vers Marseille centre à l'arrêt Les Fabrettes)

10 (Arrêt les Fabrettes à 300 m à gauche, au bout de l'avenue Dramard.) Descendre à droite le chemin des Bourrelly. Juste avant le pont au-dessus du ruisseau des Aygalades, s'engager à gauche dans le boulevard de Casablanca. Au bout de 100 m, juste après le n° 26B, descendre à droite l'escalier qui dévale vers le ruisseau et remonte aussitôt (« escalier de la Plaine Grange »). Au bout des escaliers, prendre en face la traverse Léon-Berger, qui mène à **l'avenue de Saint-Antoine, grande artère commerçante (snacks, cafés)**. L'emprunter à gauche, et 150 m plus loin, virer à droite dans la place Alphonse-Canovas, décorée de sa pergola. Au bout de la place, trouver un petit sentier à droite le long de la barrière pour emprunter la passerelle au-dessus de la voie ferrée (ligne Marseille-Aix). Traverser la route, et la suivre à droite, en restant sur le trottoir de gauche. En haut de la côte, **longer la petite résidence «Les terrasses de Verduron», et la contourner pour atteindre l'esplanade du Plan d'Aou – le Paradis* où l'écrivain Jean-Luc Brisson est longtemps venu faire la sieste et écrire des poèmes.** *"Mon cher Léonard, tes descendants de l'entreprise Vinci, qui construisent des parcs et parkings, nous promettent monts et merveilles. Toi qui as la science et l'expérience des tourbillons, tu saurais dans quoi nous sommes entraînés."* (J.-L. Brisson, *Le Paradis*, Actes Sud, 2010)

11 À droite de l'esplanade, trouver un sentier qui descend vers la gauche à mi-pente, face à la colline de Verduron, en balcon au-dessus de la cité de la Bricarde et, plus loin, du bassin de Séon et de la mer. **Une fois arrêté par le grillage, bifurquer à droite pour dévaler la pente et retrouver rapidement, à gauche, le chemin à flanc de coteau qui contourne l'éperon de Plan d'Aou.** Rester bien à gauche, près du grillage, jusqu'à rejoindre le large trottoir de la deux fois deux voies (avenue Millie-Mathys). Poursuivre tout droit, en restant sur le trottoir de gauche. Traverser l'avenue juste avant le rond-point, par le passage piéton, pour s'engager tout droit dans la piste qui descend entre deux grillages vers le Sud. **Suivre cette piste partiellement goudronnée, en balcon au-dessus du centre commercial Grand Littoral.** Après le portail vert, trois chemins : prendre la piste du milieu, sur terrain plat, qui descend ensuite en pente douce en direction de l'archipel du Frioul. Au bout du chemin, dans une épingle à cheveux, passer entre les barrières en bois du motocross et suivre un sentier entre les bosses qui part vers la gauche et retrouve la barrière en bois, **qu'on enjambe pour descendre à travers le fenouil et les ronces vers quelques platanes. Après le gros figuier, prendre à droite puis tout de suite à gauche pour franchir le mur effondré, où un petit sentier mène à une placette ombragée, qui marque l'entrée dans le parc Brégante.**

12 Tout de suite à droite, descendre l'escalier en rocaille, puis emprunter le sentier à gauche qui devient un escalier en S. À la fourche, prendre à droite le chemin qui traverse une aire de jeux, puis contourner le réservoir par la droite (bastide*). Après le **réservoir**, emprunter à gauche un escalier qui mène en deux volées de marches à la sortie du parc. À ce col **(aqueduc pour une dérivation du canal de Marseille)**, vue sur le massif de Saint-Cyr au Sud et sur le Garlaban à l'est. Descendre l'avenue de la Viste sur le trottoir de droite sur 150 m, puis prendre la deuxième route à droite : la traverse Adoul. La route tourne à gauche, mais poursuivre tout droit le long du mur de pierres de la traverse, qui se prolonge ensuite en escalier, passe sous un pont, offrant une vue sur **l'église Saint-Louis (1935, Carlo Sarabezolles) et le cimetière de Saint-Louis**. Passer sous l'aqueduc à droite, puis contourner le rond-point par la gauche, et emprunter à gauche le petit chemin en corniche le long du trottoir (chemin de la Madrague Ville), jusqu'à l'arrêt de bus .

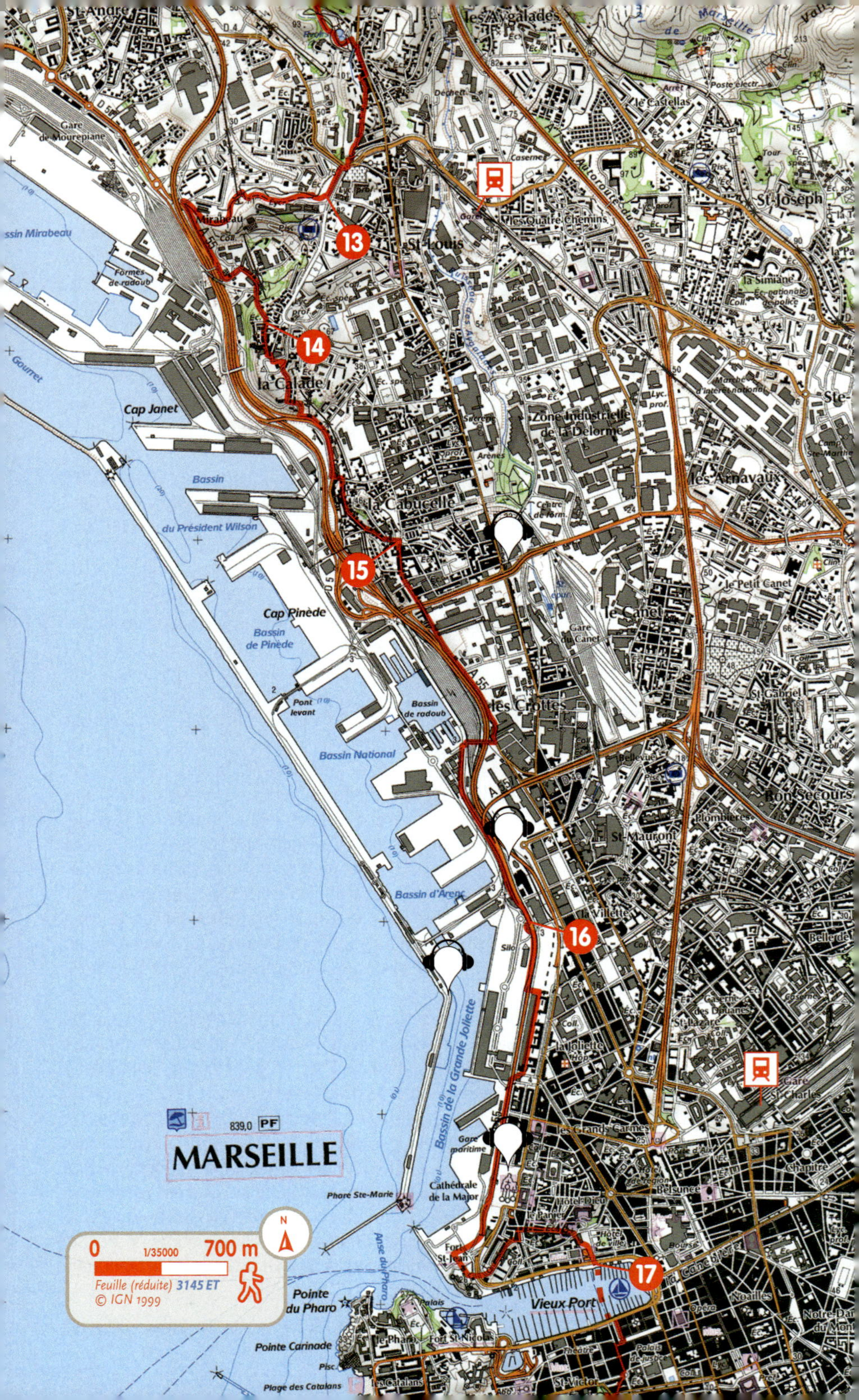

MARSEILLE
839,0 PF
0
1/35000
700 m
Feuille (réduite) 3145 ET
© IGN 1999
N
13
14
15
16
17
les Aygalades
St-André
Gare de Mourepiane
Bassin Mirabeau
Formes de radoub
Mirabeau
St-Louis
Les Quatre Chemins
St-Joseph
la Calade
Cap Janet
Gourret
Bassin du Président Wilson
la Cabucelle
Zone Industrielle de la Delorme
les Arnavaux
Cap Pinède
Bassin de Pinède
le Canet
Gare du Canet
le Petit Canet
Pont levant
Bassin de radoub
Bassin National
les Crottes
Bellevue
Bon-Secours
St-Mauront
Bassin d'Arenc
la Villette
Silo
Belle de Mai
la Joliette
St-Lazare
Gare St-Charles
Bassin de la Grande Joliette
Gare maritime
les Grands Carmes
Phare Ste-Marie
Cathédrale de la Major
Hôtel Dieu
Belsunce
Anse du Pharo
Fort St-Jean
Vieux Port
Pointe du Pharo
Pointe Carinade
Fort St-Nicolas
Plage des Catalans
St-Victor
Noailles
Canebière
Chapitre

De Saint-Louis (arrêt lycée Nord) à l'hôtel de ville de Marseille — 9 km — 2 h 15

À Saint-Louis > (Bus n° 70 vers le centre-ville de Marseille)

13 Juste après l'arrêt de bus, à droite, un escalier descend vers le port, en contrebas de l'imposant Lycée Nord (René Egger, 1959), que l'on va longer au plus près, sur toute sa longueur, par un chemin de gravier. Remarquer un bunker à gauche. Le chemin aboutit à une placette face aux tours de Consolat (Robert Nougué, c. 1967). Descendre l'escalier de droite qui passe sur un pont au-dessus de la voie ferrée de l'Estaque. À la fourche, prendre à gauche le chemin goudronné qui monte. À la corniche, passer entre deux grillages pour descendre à droite un chemin de ciment. En bas, virer à gauche en épingle à cheveux vers le chemin du Littoral, une promenade en balcon au-dessus de l'A55. Rester bien à gauche. La promenade s'élève vers une passerelle piétonne et s'éloigne de l'autoroute (collège Rimbaud) puis débouche sur une route (la traverse Santi) qu'on emprunte à gauche et qu'on monte sur 400 m. **Remarquer un pont au-dessus d'une voie ferrée sortant d'un tunnel.** Juste avant un virage à gauche, filer à droite par un petit escalier qui mène à un jardin d'enfants, **au-dessus d'une petite jungle urbaine**.

14 Continuer tout droit par le chemin des Meules qui s'élève puis descend vers les trois tours de la résidence Cap Janet (Marcel Roux 1964), où Guédiguian a tourné *La Ville est tranquille* (2000). Entrer dans le parking par la gauche et trouver deux escaliers sucessifs qui permettent de traverser les tours. Contourner le stade par la gauche, pour rejoindre une rue qui descend. Juste après le n°65, prendre à gauche une petite rue qui longe un foyer Adoma, et poursuivre tout droit dans un escalier qui contourne le bâtiment par la droite. En bas de l'escalier, tourner à gauche et continuer tout droit pendant 450 m (trottoir de gauche). Au n°68 du chemin du Littoral, **face à un grand silo à sucre,** virer à gauche dans une rue qui monte en escalier. En haut, **vue sur les silos blancs à bauxite (cf. p. 132-133)**, puis prendre la première à droite (rue de l'Alliance) tout droit pendant 500 m, qui s'élève et débouche sur une route (chemin de la Madrague ville).

15 Au feu rouge, prendre à droite (trottoir de droite) et dépasser les immenses hangars des Puces (pause pique-nique possible). Descendre tout droit sur 1 km, au pied de l'autoroute en ombrelle (⚠ passage de camions). Après un virage à droite, face au boulevard de Vintimille, trouver à droite un escalier qui mène à **une passerelle au-dessus des voies ferrées (zone* d'Euroméditerranée II)**. Après la passerelle, traverser ensuite la route avec prudence et poursuivre à gauche (trottoir de droite). ⚠ Passage très dangereux. Poursuivre sous l'autoroute du littoral en direction de la tour CMA-CGM (Zaha Hadi, 2010), qu'on longe ensuite par la droite (sculpture Neptune par Sarrabézolles, 1935). (Ce passage dans une zone urbaine en pleine mutation, bien qu'intéressant, n'en est pas moins l'un des plus inconfortables du GR®2013.)

16 100 m après la tour, traverser à droite juste avant la salle de spectacles Le Silo, que l'on longe par la gauche. 100 m après le Silo, quitter le boulevard du Littoral et contourner le bâtiment des Docks (365 m de long) par la gauche. Après les Docks, virer à droite place de la Joliette pour retrouver le boulevard du Littoral. *Hors GR : Algérie et Tunisie par ferry, face à la Major (compter une nuit de bateau).* Face au hangar J1, observer le bâtiment « Compagnie générale » (Gaston Castel, 1923). Sur l'esplanade du J4, thé à la menthe au « chariot magique » de Papa Omri. Entrer gratuitement dans le MUCEM, monter tout en haut du bâtiment et emprunter la passerelle vers le fort Saint-Jean et l'église Saint-Laurent. Face à l'église (12e s.), sur le site présumé du temple d'Apollon, prendre à droite la rue Saint-Laurent, le long de l'ensemble La Tourette (1949-1951) qui lança la carrière internationale de Fernand Pouillon. S'engager dans la place de Lenche, et trouver au fond à droite la rue des Accoules, qui s'élève puis redescend vers la rue de la Prison. Contourner ensuite l'hôtel de ville de Marseille par la gauche, jusqu'à l'arrêt du ferry-boat.

Images de Laurent Malone extraites d'un travail réalisé avec les familles roms habitant devant l'Unité d'habitation d'urgence de la ville de Marseille, chemin de la Madrague-Ville (juin-novembre 2012).

(...) Plusieurs fois Cristi avait parlé de cet endroit près de la bibliothèque des Archives, sous le pont de l'autoroute. Un trou dans le grillage, refermé à chaque passage.
En contrebas, les traces d'occupations anciennes. C'est là aussi que Daddo et son père dorment depuis quelques mois. Aucune tente n'a été montée par souci « d'invisibilité ». C'est là que se cachent maintenant Nadia et sa famille, Maria et les siens, Victor, Bobby et Cristi,

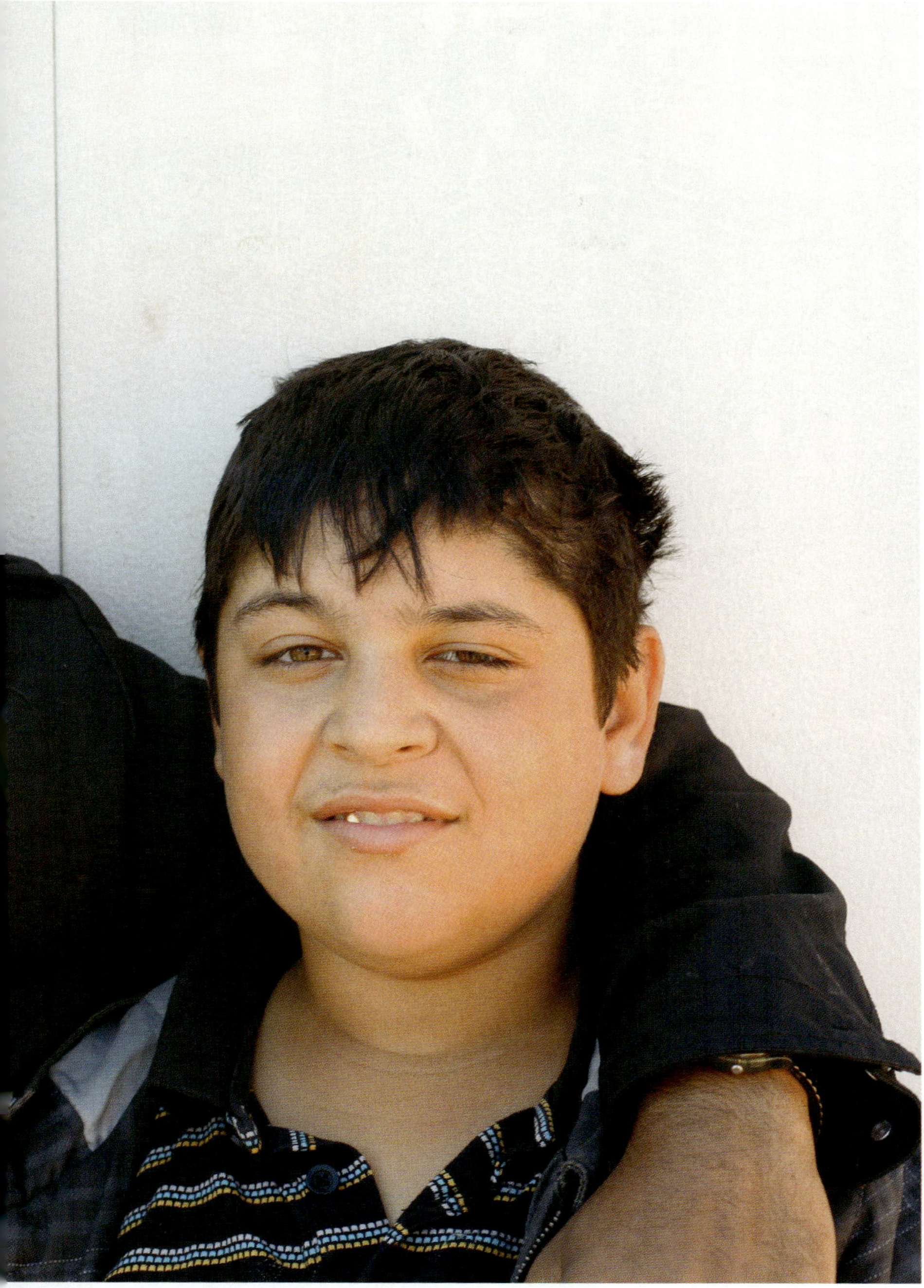

Fiorin, Vocita et son mari Grito et aussi Tarzan.
Victor part chez Médecins du Monde, porté à bout de bras par les quelques hommes qui ne sont pas partis travailler. Le soir, Nadia monte enfin la tente pour se protéger du mistral qui s'engouffre. La tente de Maria est trop grande. Il faut d'abord aplanir le terrain. (…)
– *Extrait du journal de Laurent Malone (juin-novembre 2012)*

0 1/30000 600 m
Feuille (réduite) 3145 ET
© IGN 1999
17
18
19
20
21
Vieux Port
Fort St-Jean
Cathédrale de la Major
Le Panier
Hôtel Dieu
Belsunce
La Canebière
Noailles
Opéra
Notre-Dame du Mont
La Plaine
Fort St-Nicolas
St-Victor
Palais de justice
St-Lambert
Notre-Dame de la Garde
Vauban
Place Castellane
La Conception
Hôpital de la Timone
Baille
Lodi
Menpenti
Péage du Prado
Le Rouet
Bompard
Le Roucas Blanc
Périer
Château Talabot
La Cadenelle
Parc Chanot
Parc des expositions
Palais des sports
Stade Vélodrome
Rond-Point du Prado
Roucas Blanc
St-Giniez
La Plage
Éc. nationale de danse
Plage du Grand Roucas
Plage de David
Parc Borély
Golf
Hippodrome
Plage de l'Huveaune
Plage Borély
Plage Bonneveine
Cité Le Corbusier
Ste-Anne
Bonneveine
Rond-Point de Mazargues
Plage de la Vieille Chapelle
Anse de la Vieille Chapelle
Plage de la Pointe Rouge
Port de Plaisance de la Pointe Rouge
La Vieille Chapelle
Centre de rééduc.

De l'hôtel de ville de Marseille à Mazargues — 9,5 km — 2 h 30

À l'hôtel de ville de Marseille > (Gare Saint-Charles à 10 mn)

17 Après avoir traversé le Vieux-Port en ferry-boat (gratuit, 8h-17h), s'engager tout droit dans la place aux Huiles, pour monter les escaliers à droite qui débouchent rue Fort-Notre-Dame (auberge de jeunesse Vertigo). Monter à gauche vers la place de la Corderie. Se hisser tout droit dans la petite rue des Brusques (pancarte Notre-Dame de la Garde), qui mène à droite à **l'entrée du jardin Puget (fontaine et statue de Pierre Puget, le Michel-Ange français). Monter tout droit jusqu'au plateau. Traverser ensuite le jardin par la gauche, jusqu'au fond.** Au restaurant, emprunter à gauche la passerelle puis s'élever rue de Vauvenargues. Suivre à droite le chemin de croix jusque dans les escaliers, en direction de Notre-Dame de la Garde.

18 Entrer dans le sanctuaire et suivre à droite le belvédère pendant une centaine de mètres jusqu'à une croix camarguaise, puis trouver à gauche un petit escalier qui descend en zigzag **entre les agaves du Bois sacré (point d'eau).** *(Si le portail est fermé : contourner le sanctuaire par la droite, par un petit sentier à flanc de colline, puis dans l'escalier à droite, et enfin un sentier à gauche.)* À la route, descendre à droite (sur le trottoir de gauche). Traverser tout droit la place du Terrail, et prendre ensuite la première rue à gauche, traverse de la Serre. À la fourche, suivre à gauche la rue de la Capitale. En haut de la côte, prendre à droite les escaliers de la traverse Delphine, avant de faire un gauche-droite rue Fontaine. Rue Protis, filer à gauche, dans une forte montée. En haut, prendre à droite la providentielle rue Pablo Picasso, charmante traverse d'1 km qui mènera jusqu'à la plage. **Sur l'un des murs du grand réservoir d'eau potable, chercher à droite une carte de la métropole réalisée en galets de Durance roses et gris (commande passée au titre d'un 1% artistique).** La rue Picasso descend entre des villas et résidences cossues. En bas, à l'intersection, prendre à droite pour déboucher sur l'avenue de la corniche Kennedy, que l'on traverse avec prudence, pour filer à gauche (trottoir de droite). Après 200 m, entrer dans le parc de la plage en franchissant une barrière (parking). Monter vers le monument Rimbaud en haut du mamelon.

19 Filer à gauche le long de la plage. À hauteur de la statue du David, prendre un escalier tout droit, et longer le petit stade de sable pour arriver sur l'Huveaune. Le pont à gauche permet de la franchir. Juste après le pont, traverser de nouveau l'avenue et **remonter l'Huveaune le long d'une promenade plantée qui fait partie du parc Borély. Filer tout droit vers la roseraie et suivre la lente courbe vers la droite sur environ 500 m.** 100 m après la fontaine aux Oiseaux, et juste avant la croix arménienne offerte à Marseille par Erevan, prendre à gauche le petit chemin revêtu, et au jardin d'enfants, sortir du parc Borély par un petit escalier à gauche. Après la porte, prendre à gauche, traverser la route, et entrer à droite dans **la charmante traverse Paul, un kilomètre de souvenirs ruraux, de bastides, de résidences paisibles.** Au bout de 800 m, à une fourche, prendre à droite, rue Albert-Dubout. À l'intersection avec un large boulevard doté d'une allée centrale arborée, chercher à droite un passage piéton pour traverser, et filer à droite.

20 Juste avant le rond-point de César (pouce), entrer à gauche dans le MAC (Musée d'art contemporain, 10h-17h été, 11h-18h hiver). *"Il est encore temps de rebrousser nimehc."* Traverser le musée, s'engager vers le boulodrome. *(Si le musée est fermé : contourner le rond-point de César par la gauche, et prendre le premier chemin à gauche.)* **Traverser le jardin du musée en trouvant un chemin pavé qui s'élève vers un mamelon de gazon ;** le contourner par la droite et filer tout droit, entre des copropriétés coquettes (à gauche) et l'arrière d'un équipement sportif (à droite). À l'intersection avec la route, traverser par le passage piéton à droite, puis filer tout droit par le

0
1/30000
600 m
Feuille (réduite) 3145 ET
© IGN 1999
21
22
23
24
25
26
27
28
Mont St-Cyr
Col Sabatier
Chaîne de St-Cyr
Grand Vallon de St-Cyr
Vallon de la Vigie
Vallon de l'Évêque
Muraille de Chine
Mont Ste-Croix
Carrière
la Valbarelle
Chapelle N.-D. de Nazareth
les Prud'Hommes
la Gorge Noire
les Trois-Ponts
St-Loup
St-Tronc
Ste-Marguerite
le Cabot
Hôpital Salvator
Hôpital Ste-Marguerite
Mont Rouvière
la Panouse
Vallon de la Panouse
L'Allée des Pins
Grande Bastide
Mazargues
Chapelle St-Joseph
Hippodrome
Stade Vélodrome
Source des Eaux Vives
St-Marcel

terre-plein central de l'avenue de la Martheline, en bordure de la cité de la Soude. Au premier rond-point, prendre à gauche la traverse du Puits, et en face la rue Louis-Conte, puis tout droit dans la rue principale qui débouche sur l'obélisque de Mazargues. **Face à vous, la barre HLM L'Obélisque (Jean Rozan 1957) répète 216 fois la même fenêtre.**

De Mazargues à Saint-Marcel — 11 km — 3 h 30

À Mazargues > (Bus n° 21 vers le centre-ville)

21 Traverser le boulevard Michelet en contournant l'obélisque par la gauche (arrêt de bus 21). Juste avant la barre HLM L'Obélisque, descendre à gauche dans le parking **(vue sur le mont Saint-Cyr)** puis filer tout droit dans la pelouse par un petit chemin (chicane) en direction des tours de Michelet-Saint-Jacques. **On chemine sur l'emprise de parcelles acquises par la municipalité dans les années 1930 en vue de la réalisation d'une grande rocade de contournement de la ville. Un « boulevard urbain sud » (B.U.S) est en projet sur cette continuité.** À la route, prendre à gauche (arrêt de bus n° 48), puis à droite dans la traverse de la Gaye pour contourner **la cité Château-Sec (Mario Fabre, Bernard Laville, 1966)**, puis encore à droite dans la rue de l'Horticulture. **Observer les balcons avec potence en saillie.** Contourner le rond-point par la droite, poursuivre tout droit sur 50 m, et entrer dans le terrain de foot à gauche (porte « Parc de la Mathilde ») qui permet de retrouver le B.U.S.

22 **Poursuivre en bordure du collège dans un grand espace vide, puis dans le parc.** Sortir du parc au niveau de l'imposante bastide L'Armande et descendre dans le boulevard du Cabot. À l'arrêt du bus 24 (Luminy-Sainte-Marguerite), prendre à droite avenue Grand-Pré. Arrivé face à un portail spectaculaire, descendre à gauche la rue sur une centaine de mètres. **À la barrière, prendre à droite pour retrouver le B.U.S. Vue panoramique sur l'Étoile, du Pilon du Roi au bec du Garlaban. Plus à droite, au pied du massif de saint-Cyr et du mont Rouvière, apparaissent au loin les tours resserrées de Castelroc-le-Haut. Traverser le pré (fenouils) pour rejoindre une petite route (impasse Pélissier) à gauche du grand mur tagué. À un portail de brique condamné face à un chêne vert, trouver à gauche un sentier et suivre tout droit la continuité végétale.**

23 À la route, descendre à gauche (on quitte désormais la continuité vacante du B.U.S) et s'engager à droite dans une route plus fréquentée que l'on va suivre pendant un peu plus d'1 km. Sur la gauche, **ensemble des Micocouliers (Delval, 1964)**. *(Hors GR : Au niveau de l'Amicale bouliste de Saint-Tronc, le B.U.S. offre une percée praticable vers Saint-Loup.)*

24 Après le Leader Price, en tournant le dos à Notre-Dame de la Garde, **observer à droite une belle échappée vers la résidence de Castelroch-le-Haut. « L'ensemble donne une image d'agrégat de tours plus ou moins élancées formant ce que Charles Jenks appelle une "cité dans le ciel", tissu de tours dans lequel chaque immeuble perd son identité au profit d'une ligne de ciel commune, ici très sculptée. » (Thierry Durousseau).** Juste après deux petits rond-points, **monter à droite dans la traverse Chevalier (panneau impasse) pour rejoindre la dérivation Sud du canal de Marseille. Vue en balcon sur l'Étoile et un petit lotissement.** Après l'école des Trois-Ponts, suivre la route, et au croisement, prendre à droite la traverse Chante-Perdrix qui retrouve le canal.

0
1/30000
600 m
Feuille (réduite) 3145 ET
© IGN 1999
N
21
22
23
24
25
26
27
28
Hippodrome
St-Loup
St-Tronc
Ste-Marguerite
Hôpital Salvator
le Cabot
Hôpital Ste-Marguerite
Grande Bastide
Mazargues
l'Allée des Pins
la Panouse
Mont Rouvière
Mont Ste-Croix
Carrière
les Prud'Hommes
la Gorge Noire
les Trois Ponts
la Valbarelle
Chapelle N.-D. de Nazareth
St-Marcel
Grand Vallon de St-Cyr
Chaîne de St-Cyr
Vallon de l'Évêque
Vallon de la Vigie
Vallon de Nerte
Val Toulouse
Vallon de la Panouse
Muraille de Chine
Mont St-Cyr
Col Sabatier
Source des Eaux Vives
Chapelle St-Joseph
la Rouvière
Stade Vélodrome
Parc des expositions
Palais des sports
Valmante

25 À une aire de boules faisant face à **un aqueduc avec trois voûtes tendues en pierre et briques** (place Constantino), virer à gauche dans la traverse de la Volga qui ramène à un chemin en bordure de canal. Ignorer un sentier qui part à droite dans une friche et poursuivre la traverse qui zigzague entre les clôtures des lotissements. À une intersection avec une route, prendre tout droit dans la traverse (passer la chicane). Au carrefour avec plusieurs routes, prendre légèrement à droite le boulevard du Général-Mangin, boulevard marseillais typique avec ses petites maisons accolées en façade ciment, puis au bout à gauche, le boulevard Queirel, jusqu'au lycée Marcel-Pagnol (boulangerie pour pique-nique).

26 Prendre à droite le boulevard de Saint-Loup (l'ancienne route nationale) et **observer la petite tour élégante du logement de fonction du lycée (Egger architecte). À la station-service AGIP, à proximité de l'Huveaune, observer la baraque polygonale métallique de Jean Prouvé. Vue sur la cheminée de l'usine Rivoire & Carret. Entrer à droite dans le coquet parc Saint-Cyr (qui ferme en hiver à 17h15, au printemps à 18h45, en été à 19h45) et monter jusqu'à la petite bastide (point d'eau dans la côte).** À la sortie du parc (arrêt du bus 18 vers la Préfecture), virer à gauche pour trouver à droite le chemin rural n°34 de la Valbarelle à Saint-Marcel. Passer un stade, **la cité Michelis (Gaston Castel architecte)** et une école.

27 À la barrière d'une résidence fermée (portail), **trouver à droite un sentier qui monte le long de la clôture pour rejoindre le canal (busé) et le suivre. Au bout du canal, ressortir de la résidence par une petite porte sur le côté gauche du portail et poursuivre en longeant le canal par la droite.** Après un petit pont en brique et pierre, s'élever à droite dans la traverse Crésus. Au bout de la traverse, filer à droite rue de la Granière sur une centaine de mètres, puis emprunter à gauche une piste le long des jardins ouvriers. Au bout des jardins, descendre sur votre gauche un escalier qui entre dans la cité des Néréides.

28 Juste après le local à poubelle, tourner à droite dans le parking, et dévaler l'escalier jusqu'au fond du vallon, pour en remonter par la rue Saint-Clair puis dans une rue plus large qui monte en pente raide. Trouver à droite un escalier qui permet d'atteindre Notre-Dame de Nazareth. Poursuivre tout droit en dévalant la montée des Gaulois **(vue sur la Sainte-Baume)**.

C'est ici (point n°29) que l'itinéraire "Marseille littoral" rejoint la variante "Marseille terroir". La direction vers Aubagne est à droite.

Pour rentrer à Marseille, rejoindre le centre commercial de la Valentine (à 1,5 km) en suivant le chemin balisé qui traverse Saint-Marcel. Au centre commercial, arrêt du bus n° 50 vers la place Castellane, direct par l'autoroute A50 (trajet d'environ 15 mn).

Réservoir du Vallon Dol, Marseille
PHOTO AKRAM BELAÏD

Quatrième séquence (variante)
De Saint-Antoine à la Valentine

24 km

Du village de Saint-Antoine à la zone commerciale de la Valentine à travers le terradou* marseillais, en traversant les trois rivières de Marseille, en effleurant le massif de l'Étoile, en longeant le canal de Marseille, en visitant d'anciens jardins de bastides, en bordant la cité de la Busserine, en se glissant dans les traverses, par Saint-Julien et par les campagnes de la Serviane, entre les filles du cœur de Jésus et les joueurs de l'Olympique de Marseille.*

« Mais comment peindre le spectacle pittoresque que présentèrent bientôt ces vivres étalés sur les rochers, ces nombreuses bouteilles qu'on n'a pas besoin de mettre à refroidir, cette hôtellerie établie au milieu des airs, ces pêches dorées roulant parmi les cailloux, ces groupes joyeux répandus çà et là, excités par le vin, par la vue du chapeau flottant sur leurs têtes, échangeant des saillies d'une folle gaieté. »
JEAN VOLLE, ***NOS PRÉCURSEURS : HISTOIRE DES SOCIÉTÉS EXCURSIONNISTES* ANTÉRIEURES À LA SOCIÉTÉ DES EXCURSIONNISTES MARSEILLAIS***, 1926

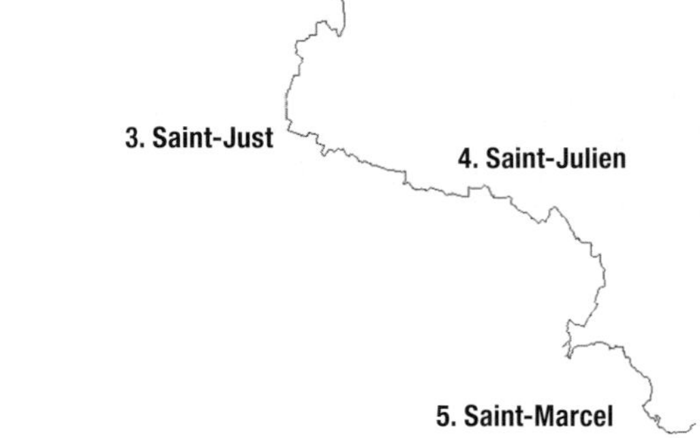

0
1/25000
500 m
Feuille 3145 ET
© IGN 1999
Notre-Dame
les Bourrely
la Granière
Hôpital Nord
le Mont-d'Or
les Mayans
la Montagne
Hervé
Lions
la Martine
les Bastides
St-Antoine
les Peyras
la Savine
Gare
la Bricarde
Plan d'Aou
Centre commercial
la Viste
Borel
Payan
Carrière
les Accates
Poste gaz
la Mure
Vallon de Femme Morte
Vallon de la Mure
Giraudy
Bassin du Vallon Dol
Vallon Dol
Tuilerie
064

De Saint-Antoine au Vallon Dol | 6 km | 1 h 45

À Saint-Antoine > (TER fréquents vers Aix et Saint-Charles ; bus nombreux vers Marseille centre à l'arrêt Les Fabrettes sur l'avenue de Saint-Antoine)

1 Prendre le chemin des Bourrelly à gauche et juste après le pont au-dessus de l'A7 (arrêt de bus Les Fabrettes à 200 m à gauche), emprunter à droite le **petit chemin en ciment qui recouvre le canal de Marseille.** Passer sous le pont, emprunter l'allée de sophoras, longer la mosaïque en pavés autobloquants et continuer jusqu'aux barrières en chicane. Traverser la route et se diriger vers la pergola en bois. Tourner à gauche pour entrer dans la résidence La Martine. Au rond-point, prendre en face la rue Primitive. Tourner à droite rue de la Carrière, en bas, suivre à droite le chemin du Vallon-des-Pins. Au n°17, descendre à gauche la traverse Courtès. Dépasser l'école et tourner à gauche chemin du Vallon-des-Tuves. Après le tunnel, prendre la direction du Vallon des Peyrards, **possibilité selon la saison de se régaler en chemin des raisins, noix, kakis, et nombrils de Vénus qui jalonnent la route**. Entrer dans Septèmes-les-Vallons et grimper à gauche le boulevard Corradi.

2 À la sortie du lotissement, prendre à gauche le chemin des Chasseurs, et après environ 300 m, trouver à droite un sentier qui mène à une piste ; la prendre à gauche, et suivre à droite un sentier qui s'élève. Ignorer les croisements et continuer tout droit, puis descendre le sentier caillouteux sur la droite et descendre le sentier sur la gauche en direction du rocher en forme de dent. En bas, tourner à droite, passer entre les pins, dépasser la borne jaune Gaz de France. 50 m après, face à la colline et au niveau de la plaque goudronnée, tourner à gauche. **Monter le sentier entre les chênes kermès sur 600 m, passer la clairière et continuer tout droit sur le chemin un peu plus large, entre les genêts.** Prendre à droite en direction de la maison au toit en tuiles **(vue imprenable sur le bassin du Vallon Dol, alt. 250 m)**. **Le barrage-réservoir du Vallon Dol et l'usine de potabilisation en contrebas ont été édifiés en 1973. Le réservoir contient plus 3 millions de m^3 d'eau du Verdon, acheminés par le canal de Provence en souterrain. L'eau du vallon Dol est essentiellement destinée à la sécurité de l'alimentation des Marseillais (et 250 000 m^3 à la régulation du canal de Provence).**

Usine de potabilisation du Vallon Dol / PHOTO GEOFFROY MATHIEU

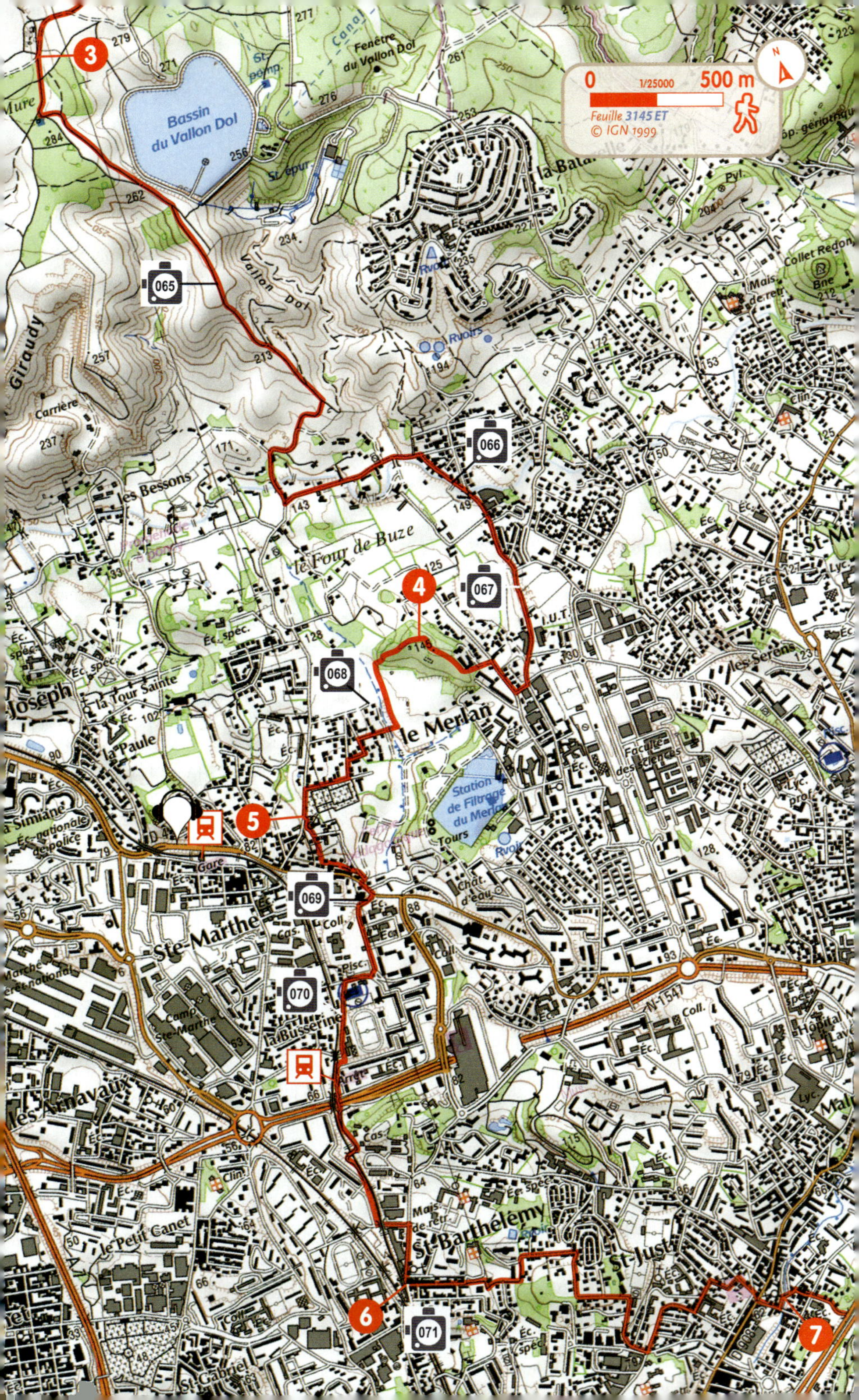
0
1/25000
500 m
Feuille 3145 ET
© IGN 1999
Bassin du Vallon Dol
Fenêtre du Vallon Dol
Vallon Dol
Giraudy
Carrière
les Bessons
le Four de Buze
le Merlan
Station de Filtrage du Merlan
la Tour Sainte
la Paule
Joseph
Ste-Marthe
Camp Ste-Marthe
la Busserine
les Arnavaux
le Petit Canet
St-Barthélemy
St-Just
les Sérénes
Collet Redon
St-Gabriel
Gare
I.U.T.
065
066
067
068
069
070
071
3
4
5
6
7

Du Vallon Dol à Saint-Just | 8 km | 2 h

À Vallon Dol >

3 Tourner à gauche à la borne pompier. À la fourche, continuer tout droit jusqu'à la citerne verte et prendre à gauche en direction du bassin. Passer la seconde citerne et descendre le chemin sur la droite, contourner la barrière et poursuivre **jusqu'aux piles du portail disparu**. Descendre le chemin goudronné et passer au-dessus du canal de Marseille. Tourner à gauche, chemin de Four-de-Buze. À 500 m, **à la jonction d'arrivée des eaux de la Durance et du Verdon, prendre à droite, chemin du Murmure des Eaux**. Filer tout droit avenue du Merlan en retraversant le canal ; **on peut voir à gauche une ancienne maison d'aygadier (gardien des eaux)**. À l'arrêt de bus Merlan-Tourelle, tourner à droite, puis tout de suite à droite boulevard Notre-Dame de Santa-Cruz. Monter boulevard Gabriel-Audisio sur 50 m (qui monte vers l'écoquartier de la Mirabilis). Grimper le long du mur de la résidence Le Panorama ; et en haut, prendre à droite sur 300 m **à travers les chênes verts et les arbousiers en direction du cèdre mort**. Continuer à droite sur le sentier. Emprunter les escaliers à droite du mur ; et à la souche calcinée, bifurquer à gauche en direction de la pinède.

4 Contourner **l'ancien bassin d'irrigation** sur la gauche et suivre le sentier en zigzag (ancienne calade) bordé de chênes kermès, avec en point de mire la Tour Sainte (surmontée d'une vierge). Descendre en longeant les pins d'Alep avec prudence (pente raide). En bas, tourner à gauche le long du bassin de rétention d'eau, où **quelques arbres gardent la trace de l'ancienne forêt**, puis traverser la route. Emprunter le deuxième pont qui enjambe **l'ancien fil d'eau de Plombières** en contrebas. Prendre en face le boulevard de Chinon, tourner à gauche, puis à droite boulevard de Patay. Prendre à gauche puis à droite pour rejoindre le boulevard de Reims qui longe le cimetière. Au bout, descendre et suivre la route qui monte à l'église de Sainte-Marthe.

5 Suivre le chemin qui mène à la croix ; de là, emprunter les escaliers sur la gauche et filer à travers le sentier jalonné d'acanthes. Continuer tout droit et longer le mur pour trouver le passage sous les arbres qui mène à l'entrée de **la ferme pédagogique de la Tour des Pins**. Traverser en direction de **la savonnerie* du Sérail** en empruntant le passage piéton, qui se trouve 50 m à gauche. Emprunter le boulevard Édouard-Baratier (qui devient rue des Guardians) et descendre le long du collège Pythéas. Prendre à droite rue Mahboubi-Tir (nom du célèbre épicier qui officiait dans le quartier) ; dépasser la crèche et tourner à gauche dans la rue Cade. Suivre le chemin en gravier qui borde le stade et conduit à la halte TER Picon Busserine. Descendre la rue parallèle à la voie de chemin de fer sur 50 m et emprunter sur la droite la passerelle dite « aux marguerites » qui enjambe la voie rapide. Poursuivre le sentier en gravier, retraverser les rails et suivre le sentier bitumé qui les longe. Passer sous le pont de la voie ferrée, puis tourner à droite avenue Claude-Monet.

6 Avant le deuxième pont, tourner à gauche dans le boulevard Saint-Clément, bordé de tilleuls. Continuer tout droit jusqu'à la traverse piétonne (barrières en chicane). Au bout de la traverse Moncault, dévaler la pente et tourner à gauche rue José Bartholomei. Prendre à gauche le boulevard Lacordaire. Sur la place, descendre les escaliers à droite (traverse de l'Aquitaine). Emprunter à droite l'avenue de l'Abbé-Fouque puis le boulevard Vidal puis en face le boulevard des Tilleuls. **(À 300 m à droite, bâtiment du Conseil général des Bouches-du-Rhône.)**

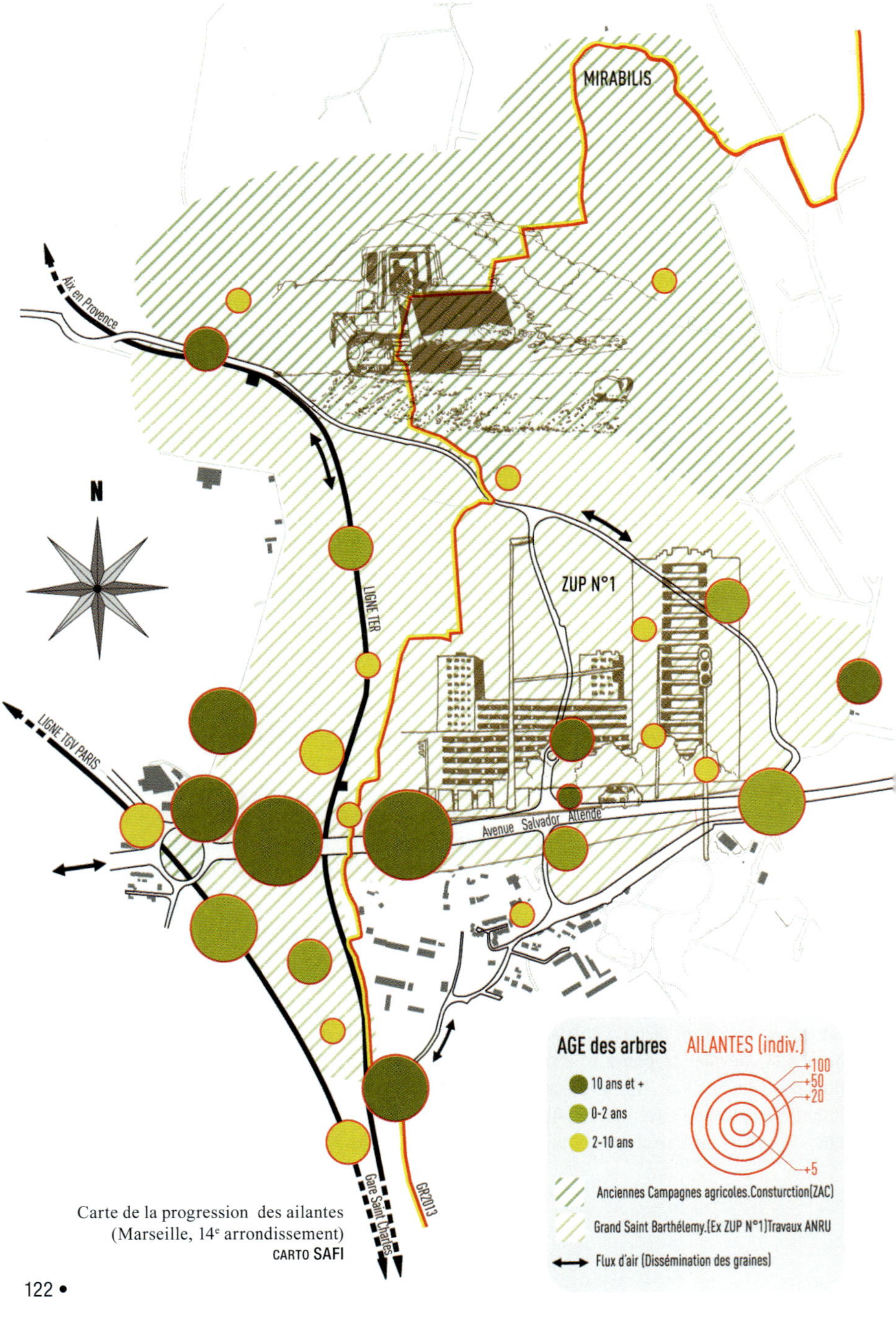

Carte de la progression des ailantes
(Marseille, 14e arrondissement)
CARTO SAFI

Les terres bousculées

par le collectif SAFI

L'ailante, *Ailanthus altissima*, a été introduit en Occident vers 1740.
On le dit invasif, il serait plutôt opportuniste.
Il se développe là où on lui prépare le terrain, là où les sols sont maltraités et mis à nus. Pour maintenir cet état de fait, il produit une substance toxique, l'« ailanthone », qui inhibe la germination et la croissance des plantes à proximité. Il modifie ainsi la diversité de la flore et de la faune environnante.
Le « palmier des ghettos », ou encore *chouchun* en chinois, « l'arbre du printemps puant », est aussi un allié précieux pour absorber la pollution de l'air et du sol. Il capte le mercure, les dioxydes de soufre, les hydrocarbures, et autres métaux lourd que nous rejetons.

Jeunes ailantes dans le bitume
DESSIN STÉPHANE BRISSET (SAFI)

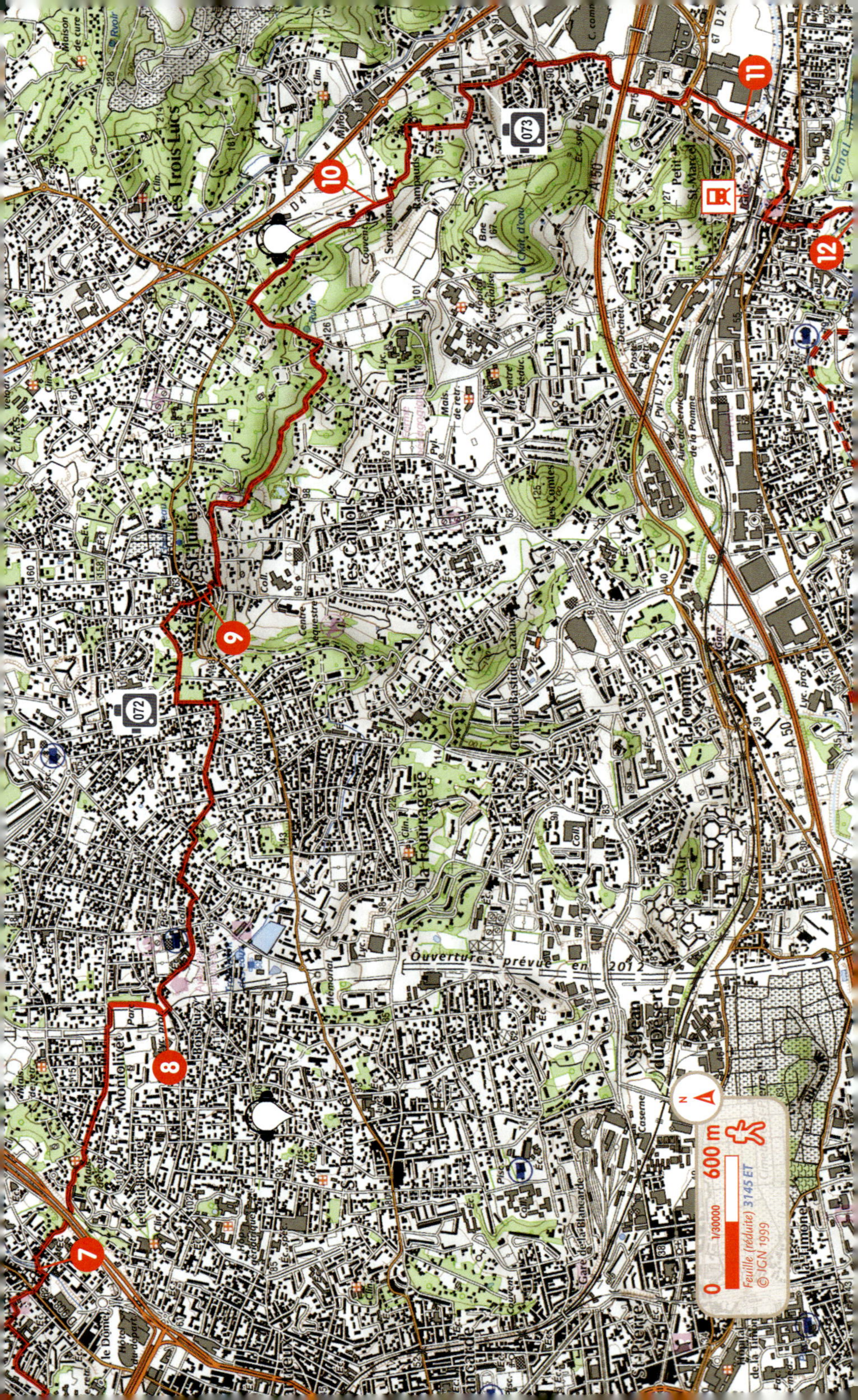

Les Trois Lucs
St-Julien
Les Caillols
Grande Bastide Cazaux
La Fourragère
La Pomme
Montolivet
St-Barnabé
St-Jean du Désert
Petit St-Marcel
Ouverture prévue en 2012
A 50
D 4
Canal
072
073
7
8
9
10
11
12
0
600 m
1/30000
Feuille (réduite) 3145 ET
© IGN 1999

De Saint-Just à Saint-Julien | 4 km | 1 h

À Saint-Just > (Métro vers la gare Saint-Charles, le Vieux-Port)

7 Emprunter à gauche le boulevard de la Bégude puis la passerelle qui enjambe **le Jarret**, tourner à droite et suivre la traverse de Saint-Just jusqu'au bout. Poursuivre par la traverse des 4 chemins Marius-Richard **(des arcs apparents dans la maçonnerie du mur de droite indiquent qu'il s'agit d'un canal)**. Après avoir longé le parking, entrer dans le **parc de la Moline**. Suivre le chemin qui part sur la gauche en direction du bâtiment jaune. Observer la vue sur **la tour CMA-CGM (Zaha Hadid, 2010)**.

8 Redescendre à gauche l'escalier qui longe les pistachiers lentisques. Sortir à gauche et remonter l'allée des Primevères. Poursuivre en face puis à gauche dans la rue Charles-Kaddouz. Au n° 96, prendre le chemin des Sables-Jaunes avec le mont Saint-Cyr en point de mire. Traverser le rond-point et continuer tout droit. Au bout du mur, bifurquer à gauche, puis tourner trois fois à droite : rue des Clématites, rue du Groupe-Scolaire et rue du Centre.

De Saint-Julien à Saint-Marcel / La Valentine | 6 km | 1 h 30

À Saint-Julien > (Bus n° 7 vers le centre-ville)

9 Avancer en face rue de la Pompe et descendre la volée de marches. Remonter la traverse du canal et s'engager, à droite du grillage, sur le sentier qui recouvre le **canal de Marseille**. Longer chèvrefeuilles et sumacs jusqu'à la porte en briques. Descendre la montée du Colombier. Remonter la rue des Caillols, et au croisement, prendre à droite la traverse de la Serviane et dépasser le bâtiment de la Congrégation des Filles du Cœur de Jésus. (À droite, on aperçoit le centre d'entraînement de l'Olympique de Marseille).

10 Continuer la traverse Rampal, descendre la traverse de la Martine et entrer dans la résidence (2e rue à gauche). Enjamber les plots en béton, puis suivre les pylônes électriques. (Arrêt de bus n° 50 La Valentine vers Marseille.) Longer l'allée de platanes par la droite ; et au rond-point, s'engager à droite en direction de Saint-Marcel. Suivre la traverse de la Montre, passer sous l'autoroute, contourner le rond-point par la gauche et emprunter la traverse de la Planche qui longe l'**usine Panzani**. Filer tout droit à travers **les touffes de prêle et les sureaux qui profitent des nitrates de l'Huveaune**.

11 Traverser le pont qui enjambe le fil de l'eau, puis la passerelle SNCF. Au bout, tourner à droite rue des Crottes. À l'église, prendre à gauche la rue du 10-Août, passer sous la route, dépasser les ateliers désaffectés. En sortant de la micro-forêt, tourner à droite dans le boulevard de la Forbine jusqu'au croisement avec la montée des Gaulois.

C'est ici (au point n°12) que la variante « Marseille terroir » rejoint l'itinéraire « Marseille littoral » (cf. p. 103), et que le GR®2013 se dirige désormais vers Aubagne.

Vue sur l'Étoile et Marseille
depuis le col des Escourtines
PHOTO GEOFFROY MATHIEU
ET BERTRAND STOFLETH

Cinquième séquence
De la Valentine à Plan d'Aups
44 km

De Marseille à la Sainte-Baume, en remontant la vallée de l'Huveaune par les hauteurs du mont Carpiagne au-dessus de l'autoroute, et à travers la plaine agricole d'Aubagne, la forêt de Saint-Pons et le col de Bertagne.

« Dans mon costume anglais jaune clair, un cadeau qu'on m'avait fait, il faut dire que je me prenais, comme souvent je l'avoue, pour un lord, un aristocrate, un marquis arpentant son parc, quoique je parcourusse seulement la route, qui traversait un endroit mi-campagne, mi-banlieue, simple, charmant, modeste, médiocre et misérable. »
ROBERT WALSER, *LA PROMENADE*, GALLIMARD, 1987
(TEXTE ÉCRIT EN 1917)

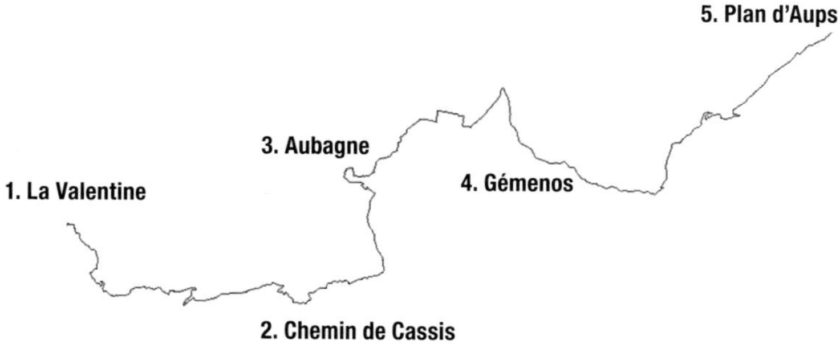

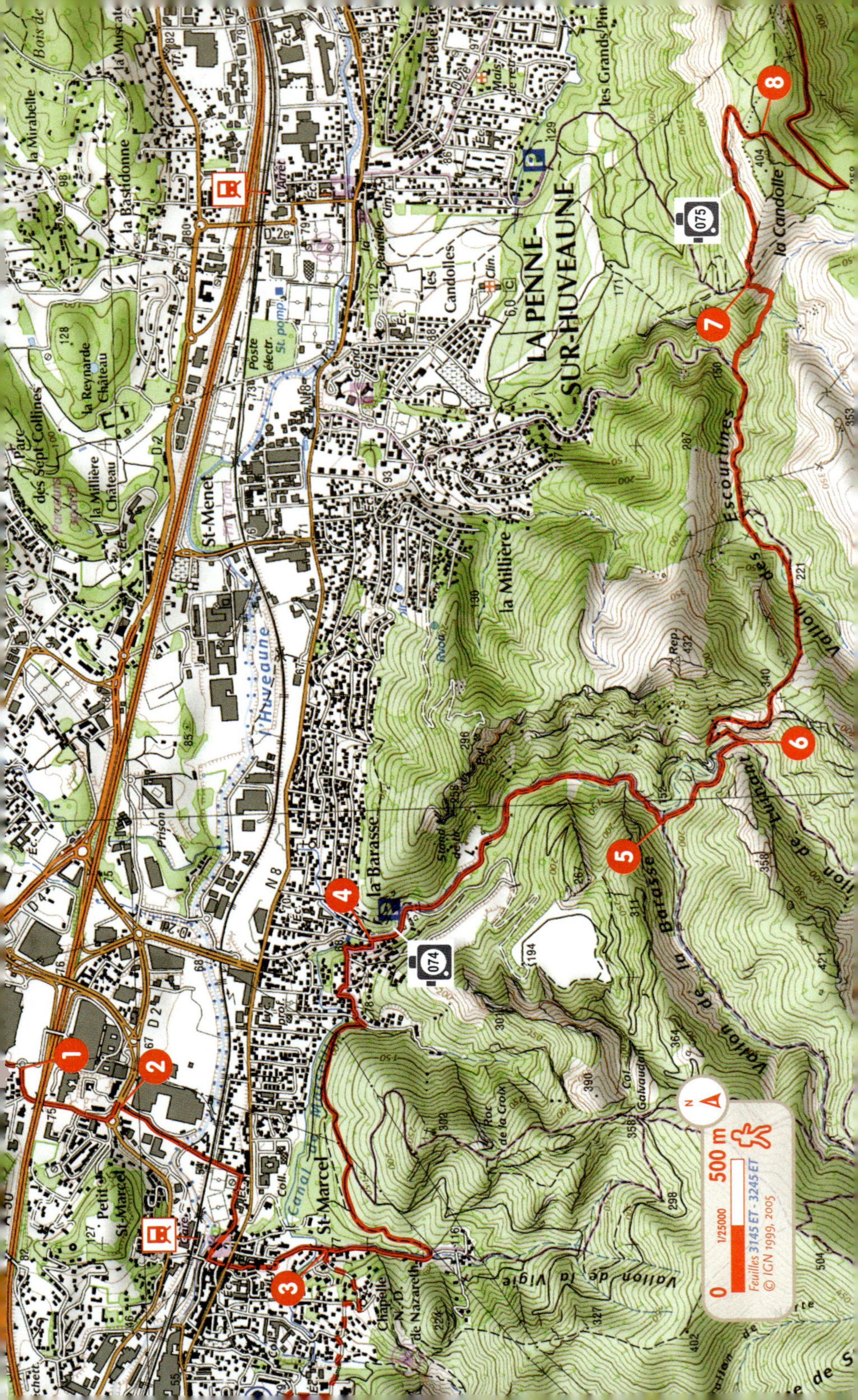

LA PENNE-SUR-HUVEAUNE
St-Marcel
la Barasse
St-Menet
l'Huveaune
les Candolles
la Candolle
les Grands Pins
la Millière
Vallon des Escourtines
Vallon de la Barasse
Vallon de la Vigie
Chapelle N.D. de Nazareth
Roc de la Croix
Parc des Sept Collines
la Reynarde Château
la Millière Château
la Bastidonne
la Mirabelle
Petit St-Marcel
Prison
074
075
0
500 m
1/25000
Feuilles 3145 ET - 3245 ET
© IGN 1999, 2005

De Saint-Marcel / la Valentine au vallon de Luinant | 6,5 km | 2 h

À la Valentine > (Bus n° 50 direct par autoroute vers Marseille Castellane)

3 Poursuivre tout droit dans le boulevard de la Forbine. Au bout de 300 m, au niveau d'une citerne, prendre le chemin qui part à gauche. Il s'oriente à l'est, puis de suite vers le nord, et continue vers l'est est en surplombant le canal de Marseille. Vue sur Marseille, la chaîne de l'Étoile et la chapelle de Notre-Dame de Nazareth. Ignorer le chemin qui monte à droite pour aboutir à la petite route du Vallon de Chaumery. À gauche, on trouvera au bout de quelques mètres le chemin de la Maque, puis celui du pic Foch, qui mène au chemin de la Barasse.

4 Le suivre à droite jusqu'au domaine du parc départemental de la Barasse. **À droite, le site des fours à chaux, exploités par la société Péchiney pour le traitement de l'alumine de 1947 à 1987, témoigne d'un passé industriel récent. On pourra voir aussi des vestiges de l'ère industrielle ainsi qu'un ancien dépôt de marc de café dans le vallon de la Barasse. Un peu plus haut, un crassier de boues rouges* de 2 500 000 m^3 (cf. p. 132).** Franchir une barrière sur la gauche pour continuer sur la petite route. Après les bâtiments du champ de tir, poursuivre par le chemin forestier du vallon de la Barasse jusqu'à l'intersection avec une piste (flèches directionnelles).

5 Monter à gauche en direction de la Candolle, de la Millière et de la Penne-sur-Huveaune pour arriver 500 m après à l'intersection du Vallon de Luinant (flèches directionnelles).

Du vallon de Luinant au chemin de Cassis | 7 km | 2 h

6 Gravir le sentier qui part à gauche en effectuant un large lacet pour traverser une zone escarpée. La montée est tantôt raide, tantôt en corniche, il traverse des ressauts rocheux pour atteindre un petit plateau (alt. 340) **Descendre vers le vallon des Escourtines avec prudence sur un sentier pierreux et parfois rocheux. Continuer à gauche dans le vallon avec un sentier qui serpente dans la végétation sur 900 m.**

7 Quitter le sentier des Escourtines et partir à droite. Ce sentier s'élève fortement dans une zone rocheuse, surplombe un cirque, traverse un petit éboulis et après un ressaut rocheux, atteint un plateau. Après avoir rencontré un sentier qui arrive de la Penne-sur-Huveaune, continuer la montée vers le sommet de la Candolle et suivre un sentier panoramique en corniche (⚠ prudence avec des enfants) offrant des **vues superbes sur la vallée**. Après un passage rocheux, atteindre le sommet de la Candolle (404 m). **Vue exceptionnelle sur la rade de Marseille et tous les massifs environnants.**

8 Suivre le chemin de gauche, qui effectue une large boucle, avant de descendre légèrement sur 200 m. **Vue sur le camp de Carpiagne, le mont Puget et le cap Canaille notamment.** Quitter la piste pour suivre le sentier qui monte, à gauche, vers les crêtes, passe par le sommet du Télégraphe (remarquer une tour en ruine). Descendre par des crêtes pour atteindre le chemin de Cassis (alt. 198 m).

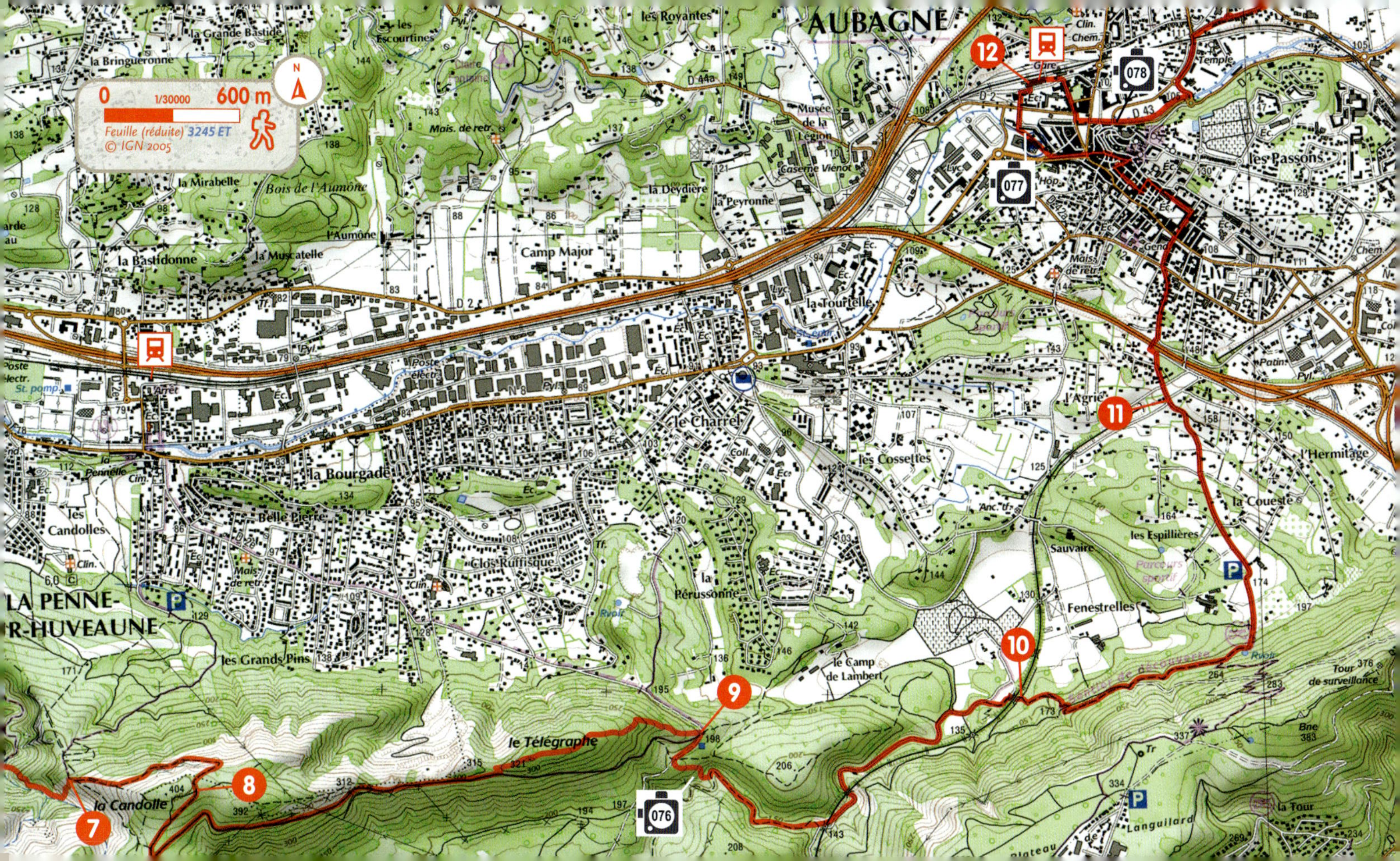
AUBAGNE
LA PENNE-
R-HUVEAUNE
0 1/30000 600 m
Feuille (réduite) 3245 ET
© IGN 2005
la Grande Bastide
la Bringueronne
les Escourtines
les Royantes
la Mirabelle
Bois de l'Aumône
l'Aumône
la Bastidonne
la Muscatelle
Camp Major
la Deydière
la Peyronne
Musée de la Légion
Caserne Viénot
les Passons
la Tourtelle
St-Mitre
le Charrel
la Bourgade
les Cossettes
l'Agrie
l'Hermitage
la Coueste
les Espillières
Sauvaire
Fenestrelles
Belle Pierre
Clos Ruffisque
la Pérussonne
les Candolles
les Grands Pins
le Camp de Lambert
le Télégraphe
la Candolle
Languillard
la Tour
Tour de surveillance
Parcours sportif
12
11
10
9
8
7
078
077
076

Du chemin de Cassis à Aubagne (gare SNCF) | 7,5 km | 2 h

9 Tourner à droite, passer devant la citerne 197, puis 130 m après, partir à gauche dans un sentier qui effectue un large virage avant de descendre, parfois brusquement, vers le bas du vallon. Le suivre à gauche jusqu'à la petite route de Carpiagne. Passer sous le pont de la voie ferrée (tronçon Aubagne-Toulon de la ligne TER Côte d'Azur qui relie Marseille à Nice) et poursuivre sur cette petite route, repasser sous un autre pont de la voie ferrée, dépasser un bâtiment militaire avant d'arriver devant des flèches directionnelles (50 m avant le panneau de limitation de vitesse « 50 km/h »). Le camp de Carpiagne est un camp militaire de l'Armée de terre française qui accueille depuis le 29 juillet 2009 le 4e régiment de dragons (4e RD), un des quatre régiments de chars lourds de l'armée de Terre. Ce régiment composé de 1 000 militaires et civils d'active et de réserve est le seul régiment de chars de bataille français engagé en Irak en 1991. Les militaires du camp de Carpiagne, effectuant des exercices en utilisant des balles traçantes, furent soupçonnés d'être responsables de l'incendie du 22 juillet 2009, qui ravagea plus de 1300 hectares des collines de Marseille. « Ce site de près de 1500 ha, niché entre les Calanques de Cassis, la ville de Marseille et les collines de Pagnol, offre également au personnel du régiment de nombreux atouts pour la pratique des activités culturelles, physiques et sportives » (ministère de la Défense).

10 **À l'intersection de sentiers, quitter la route et s'engager à droite en direction d'Aubagne par le parc de la Coueste, passer sous la voie ferrée et monter dans les bois jusqu'à la piste supérieure.** La traverser et prendre, en face, le sentier juste au-dessus. Le suivre sur 350 m puis traverser à nouveau la piste et prendre, à gauche, le sentier de découverte qui descend jusqu'au parc de la Coueste. Franchir une barrière et continuer sur la petite route puis par le chemin des Espillières (⚠ prudence : pas de bas-côté).

11 À l'intersection, continuer tout droit par l'avenue de la Fourmi. Dans un virage, monter à gauche dans la traverse de la Cigale, qui permet d'enjamber l'autoroute Marseille-Toulon (A50) par une passerelle charmante offrant une vue sur Bertagne et sur la carrière Bronzo-Perasso. On entre ici dans l'aire urbaine d'Aubagne. Point de croisement de l'autoroute Marseille-Toulon A50 et de l'autoroute Aubagne-Aix (A52), Aubagne est enserrée dans le triangle autoroutier A501-A502-A50. Après l'escalier, emprunter à gauche le chemin des Espilières, qui descend ensuite en pente assez raide face au Garlaban, au fil des portails bariolés des coquettes villas. **Au niveau du n° 19 (villa « La Pauline »), on croise le canal de Marseille.** Au croisement avec l'avenue du 19-Mars-1962, poursuivre tout droit le chemin des Espilières, qui borde la résidence Central Parc. Au croisement, filer tout droit dans le boulevard Gambetta, puis à gauche dans la rue du Jeu-de-Ballon qui traverse une copropriété de quatre étages à la façade saumon, puis pénètre dans les petites rues du cœur de village. Au lycée Sainte-Marie, prendre à gauche la rue Lucienne-Tourrel, puis la deuxième à droite (rue Jardinière). Observer le clocher triangulaire de pierre rose de l'architecte baroque marseillais Pierre Puget*. Filer tout droit à travers la place Rau puis dans la rue de la Liberté, qui débouche face à la mairie sur le boulevard Jean-Jaurès. Le monter à droite, pour prendre ensuite la première à gauche, l'étroite et commerçante rue Martinot, qui devient rue Rastègue et débouche sur le cours Barthélémy (ou avenue Loulou-Delfieu). **Juste après l'office du tourisme, remarquer au n° 16 la maison où est né Marcel Pagnol.** Au bout du cours, filer à droite dans la promenade piétonne du Bras d'Or. Au bout de la promenade, se diriger à droite vers un carrefour, et le traverser tout droit (rue du Docteur-Barthélémy) pour trouver la gare SNCF et la gare routière.

Le territoire du GR®2013 est marqué par l'industrie de l'alumine. L'alumine, substance extraite de la bauxite, sert à fabriquer de l'aluminium et des matériaux abrasifs, céramiques et réfractaires. La première usine au monde est installée à Gardanne en 1893, pas loin des gisements de bauxite du sud de la France, et proche de la mine de charbon et des usines de soude*. Elle fonctionne toujours. Deux autres usines ont suivi au début du 20e siècle dans les quartiers de Saint-Louis et de la Barasse à Marseille.

Le processus industriel a l'inconvénient de produire beaucoup de résidus, qu'on appelle « boues rouges* » : des terres stériles, alcalines – et riches en oxydes de fer, qui lui donnent sa couleur. Déposées en terrils, au fond de vallons et adossées aux collines, ces boues tentent de se faire discrètes.

La carte de la région de Marseille ci-contre *(carte froissée en haut, dépliée en bas)* regroupe les cinq principaux terrains de dépôt :

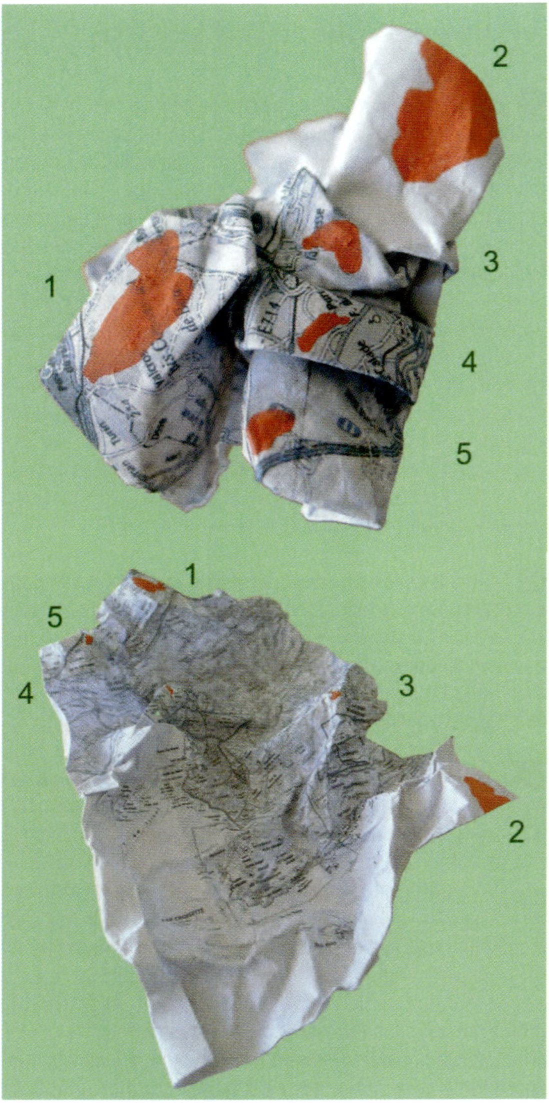

1. les vallons de Mange-Garri et d'Encorse sur la commune de Bouc-Bel-Air
2. la fosse de Cassidaigne sous la mer à Cassis
3. le crassier dans le massif de Saint-Cyr à l'Est de Marseille
4. le terril au bord du ruisseau des Aygalades à Marseille
5. le dépôt à la sortie de Vitrolles au sud-est de la route départementale D9.

Territoire froissé

L'ARCHIPEL AFRO-PROVENÇAL DES BOUES ROUGES*

par Hendrik Sturm

Une boîte de conserve avec ses tomates…

…est insérée dans les boues rouges* de Vitrolles, venues de l'usine de Saint-Louis. La soude* utilisée pour « attaquer » la bauxite se trouve encore en partie dans les résidus, et rend ce sol artificiel trop alcalin pour que des plantes poussent.

L'usine de Gardanne en activité pompe ses résidus à travers un pipe-line dans la mer à Cassis – ce rejet s'arrêtera en 2015. Après cette date, les résidus sont supposés être « valorisés » par exemple pour la couverture des décharges, comme c'est déjà le cas pour les décharges d'Entressen et de Septèmes, ou en soubassement, pour la construction des routes. Les restes prennent le chemin de Mange-Garri.

Depuis les années 1990, la bauxite vient exclusivement de Boké, de la mine à ciel ouvert de la Compagnie des Bauxites de Guinée, la plus grande du monde. Les résidus sont ainsi devenus afro-provençaux.

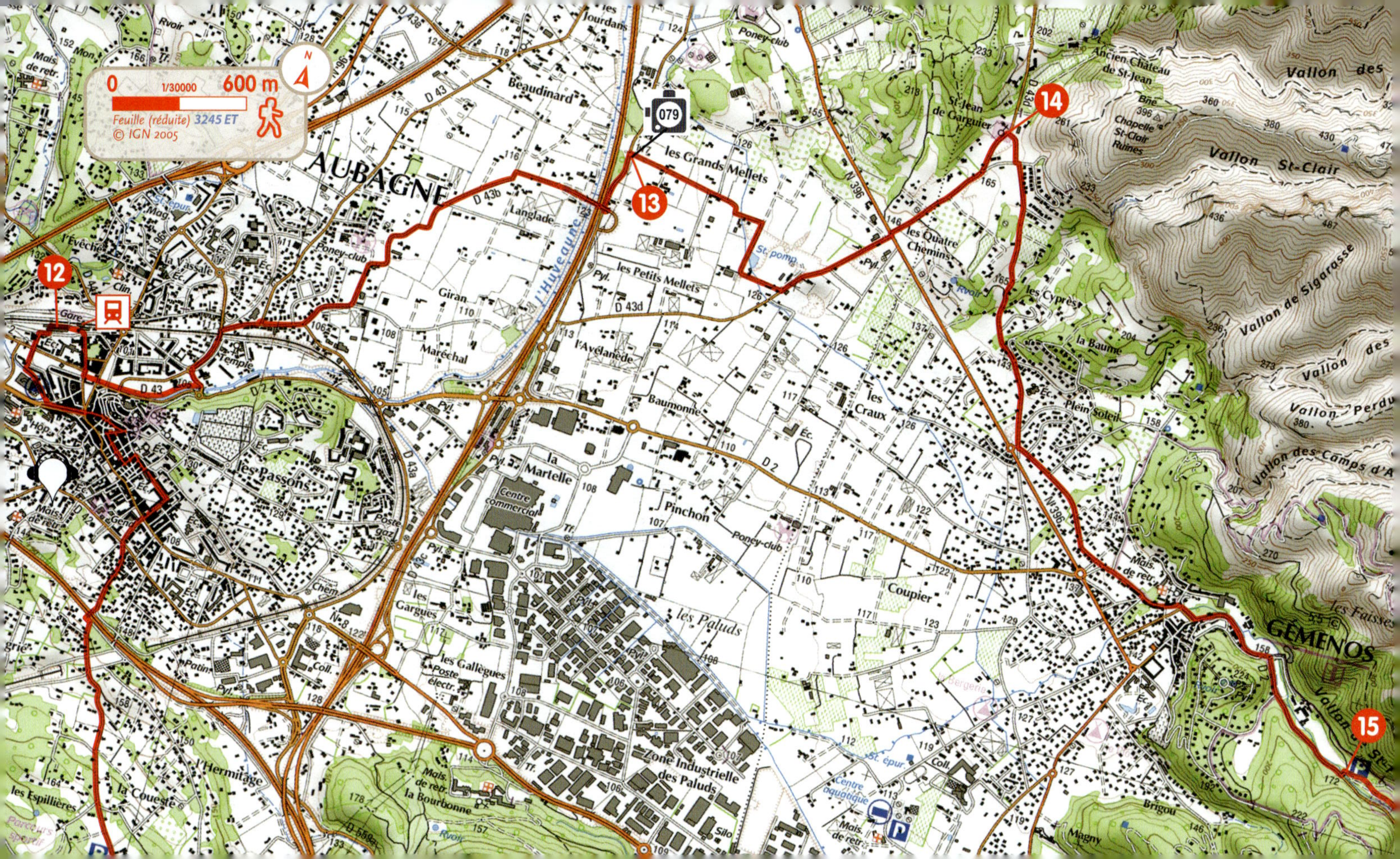

0
1/30000
600 m
Feuille (réduite) 3245 ET
© IGN 2005
AUBAGNE
GÉMENOS
12
13
14
15
079
les Grands Mellets
les Petits Mellets
Langlade
l'Huveaune
Beaudinard
Giran
Maréchal
l'Avelanède
Baumonne
les Passons
la Martelle
Centre commercial
Pinchon
les Paluds
Zone Industrielle des Paluds
les Gallègues
les Gargues
l'Hermitage
la Bourbonne
les Quatre Chemins
les Caux
Coupier
les Cyprès
la Baume
Plein Soleil
St-Jean de Garguier
Ancien Château de St-Jean
Chapelle St-Clair Ruines
Vallon St-Clair
Vallon de Sigarasse
Vallon des Camps d'A
Brigou
Magny
Centre aquatique
les Espillières
la Coueste

D' Aubagne à Gémenos (parking Saint-Pons) | 10,5 km | 2 h 45

À Aubagne > (TER fréquents vers Marseille. Cars fréquents vers Marseille, Aix...)

12 Face à la gare, prendre à droite la rue du Docteur-Barthélémy puis, juste après la gare, encore à droite l'avenue Jeanne-d'Arc. À la place (restaurants), virer à gauche pour la traverser. La place devient l'avenue Elzéard-Rougier et découvre enfin l'Huveaune, qui traverse en réalité tout le centre Aubagne en souterrain. Descendre des escaliers à gauche pour emprunter le chemin aménagé qui longe l'Huveaune. Sortir au niveau d'un rond-point, et prendre la première rue à droite avenue de Garlaban. Passer sur le pont au-dessus de la voie ferrée. **C'est ici le point de départ de la voie ferrée de Valdonne (1868), ancienne voie à vocation industrielle abandonnée depuis 1964, qui remonte l'Huveaune jusqu'à Valdonne. Elle reliait Aubagne (sur la ligne de Marseille à Toulon) à la ligne de Carnoules à Gardanne, qui desservait le bassin minier de Fuveau-Valdonne (production de lignite), à l'est de Marseille, en lui donnant un double débouché : au nord, le site industriel de Gardanne et, au sud, les usines marseillaises de la vallée de l'Huveaune. Cette voie ferrée, bordée par un pipeline de boues rouges* (« bouoduc ») sera le support du futur tramway de l'agglomération d'Aubagne.** S'engager tout de suite à droite, sur la D43b (routes des Aubes) pendant 2 km, **à travers la plaine agricole d'Aubagne (plaine de Beaudinard), qui compte de nombreuses AMAP, et qui est le résultat d'une politique agricole exemplaire. « Lancée en 1992, dans le cadre d'un partenariat très large (municipalité, profession agricole, administrations), la charte agricole d'Aubagne tente de maintenir et développer l'agriculture périurbaine. Elle s'appuie sur deux axes, l'un foncier, l'autre économique, et revêt aujourd'hui tantôt les caractères d'un modèle, tantôt ceux d'une utopie. » (Jean-Noël Consalès, « La Charte agricole d'Aubagne », 2001)** Après un poney-club, passer sur le pont de l'autoroute et partir à droite avec la D43c direction « Pont de l'Étoile » sur 400 m.

13 Bifurquer à droite pour emprunter le chemin des Petits-Mellets. À une route, aller à droite, contourner une station de pompage, et à une autre route, partir à gauche (D43d, chemin de Saint-Jean-de-Garguier). Au carrefour des Quatre-Chemins, traverser avec prudence pour continuer la petite route de Saint-Jean-de-Garguier. **Chapelle et prieuré datant de 1646. Quatre cents tableautins peints sur bois, offerts en ex-voto par des habitants en reconnaissance d'un miracle ou d'une guérison, témoignent d'un élément de culture provençale depuis le 16e siècle. (Chapelle ouverte aux heures des messes, tous les dimanches en fin d'après-midi, ainsi que chaque 24 juin.)**

14 Après la chapelle, virer à droite vers la résidence des Pins. **Suivre le chemin de Saint-Jean-de-Garguier bordé de propriétés, de champs de vignes et d'oliviers.** Au niveau d'un grand rond-point près d'un groupe scolaire, tourner à gauche dans le chemin du Grand-Plantier, puis rue du Maréchal-Leclerc. À un petit rond-point, prendre la rue de Flore puis le cours Pasteur à gauche et le cours du Sudre à droite (parking). Emprunter à gauche la rue Saint-Pons (D2) sur 1 km puis descendre à gauche au parking Saint-Pons.

0 1/50000 1 km
Feuille 3245
© IGN 1997
N
15
16
17
18
19
20
21
080
GR 98
Plan-d'Aups
Gemenos
St-Pons
Parc de St-Pons
Cuges-les-Pins
Pic de Bertagne
Col de Bertagne
Col de l'Espigoulier
Dents de Roque Forcade
Tour de Cauvin
Pics des Corbeaux
Col de Roussargue
Crête de la Galère
Les Collines Blanches
Falaise de la Galère
Grande Tête
Col du Rouge
Pas de Cugens
Col de l'Aigle
Vallon des Crides
Sommet du Brigou
Les Nègles
Les Estagnols
Pierre Blanche
Les Gypières
Bardon
Sblette
Bastide des Cyprès
Brigou
Magny
Plan-d'Aups
Béthléem de Ste Germaine
L'Ubac
Couv de Béthanie

De Gémenos (parking Saint-Pons) au col de Bertagne | 7 km | 2 h 15

À Gémenos (parking de Saint-Pons) > (Bus de l'Agglo vers Aubagne, gratuit)

15 Longer le parking jusqu'au panneau d'information (alt. 172 m). Franchir une barrière et emprunter le chemin principal vers l'Est. Gravir quelques marches pour aboutir sur la D2.

16 Traverser la route et se entrer dans le parc. **(À gauche, chapelle Saint-Martin, pur style roman, 13e s.) Suivre un canal puis longer le torrent du Fauge sur un beau chemin ombragé. Après les ruines d'un moulin, passer devant la grande cascade, puis sur un pont à gauche** et traverser un passage dans un mur à droite. Longer le Fauge sur la rive droite (magnifique), franchir un petit pont à droite et gravir des escaliers pour arriver devant **l'abbaye cistercienne de Saint-Pons**. Franchir le pont à droite pour emprunter l'allée des Plâtrières jusqu'à la jonction entre deux sentiers (citerne, alt. 332 m).

17 S'engager dans le sentier de gauche qui s'élève dans la garrigue*, jusqu'à la route. La longer à droite sur 250 m, sur le bas-côté droit. Trouver à droite un sentier qui descend, puis s'élève jusqu'à une jonction (flèches directionnelles).

18 Suivre **le sentier de droite dit « le chemin de la Glace ». Ce sentier en balcon très agréable s'élève puis tourne en épingle sur une partie en corniche et monte à nouveau sur une croupe rocheuse, offrant de belles vues sur les falaises de la sainte-Baume et du pic de Bertagne.** (On peut également voir le « trou souffleur ».) À une intersection, continuer dans la même direction, passer devant le refuge Paul-Ruat pour atteindre le site de la Glacière, alt. 659 m (où fut créée la Société des Excursionnistes* Marseillais en 1897 par Paul Ruat).

Connexion au GR®98 : depuis cette intersection, possibilité de rejoindre le col de Fauge et, de là, le GR®98 qui relie la Sainte-Baume à la Madrague de Montredon (appendice du GR®9 qui va du Jura au Var en 1 000 km).

19 Partir à droite, dans un sous-bois, et passer devant la source de la Glacière. Le sentier s'élève parfois fortement dans des parties rocheuses et surplombe le vallon du chemin de fer. Poursuivre la montée dans la même direction, passer devant le monument aux morts de la Société des Excursionnistes* Marseillais, pour arriver au col de Bertagne (alt. 859 m).

Du col de Bertagne à Plan d'Aups | 2,5 km | 45 mn

20 Juste devant une barrière, se diriger à gauche, puis descendre à droite dans **le vallon du Chemin de Fer. Cette étroite voie ferrée, créée par Henri Chauvin pour franchir le col de Bertagne afin d'acheminer le lignite dans la vallée de Saint-Pons, a fonctionné jusqu'en 1863.** Le sentier débouche sur un chemin ; continuer dans la même direction. Passer devant la ferme en ruine de la Brasque pour franchir un portail d'accès qui mène au chemin de la Brasque. Continuer sur cette petite route pour arriver à l'avenue de la Libération (alt. 686 m) à Plan d'Aups (point n° 21).

Cheminée de l'usine
thermo-électrique de Gardanne
PHOTO GEOFFROY MATHIEU
ET BERTRAND STOFLETH

Sixième séquence
De Plan d'Aups à Gardanne
46 km

De la mystique Sainte-Baume à la vallée minière de Gardanne, en suivant l'Huveaune jusqu'à ce qu'elle se heurte au Garlaban à Pont-de-Joux, puis par le massif de Marcel Pagnol, pour retrouver ensuite l'ancienne voie de Valdonne dans la vallée minière de Gardanne.

« La mine de Gardanne a fermé ses portes en janvier 2003. Cet épisode difficile clôt une histoire vieille de plusieurs siècles pour des milliers de familles et de très nombreuses localités. Les villages d'Auriol, de la Destrousse, de la Bouilladisse, de Peypin, Cadolive, Saint-Savournin, la Valentine, l'Auberge neuve, Belcodène, Gréasque, Fuveau, Peynier, Trets ou Gardanne n'auraient pas la même physionomie s'ils n'avaient pas vécu si pleinement l'activité minière. »
XAVIER DAUMALIN, PHILIPPE MIOCHE ET OLIVIER RAVEUX, *LE BASSIN MINIER DES BOUCHES-DU-RHÔNE (1809-2003)*

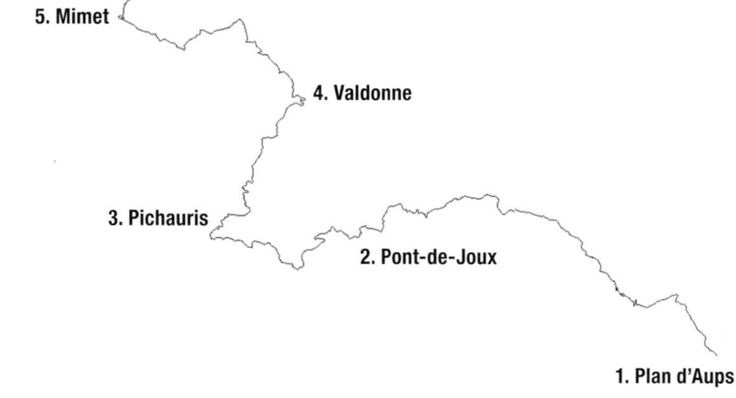

Auriol
Roquevaire
Plan-d'Aups
Forêt du Défens
Forêt du Plan d'Aups
Crête de la Lare
Bois de la Lare
Pont-de-Joux
Pont-de-l'Étoile
St. Pierre
le Plan des Moines
la Glacière
la Chapelle
les Héllanthes
les Estiennes
l'Adret Fme
Bethléem de Ste Germaine
Tour de Cauvin
Dents de Roque Forcade
Col de Roussargue
Col des Seignors
Gorge du Renard
0
1/50000
1 km
Feuille 3245
© IGN 1997
1
2
3
4
5
6
081

De Plan d'Aups à Pont-de-Joux — 12,5 km — 3 h 15

À Plan d'Aups > (Bus scolaire Varlib vers Auriol, deux fois par jour du lundi au samedi)

1 Au carrefour, traverser la route et prendre à gauche l'allée de l'oratoire qui devient, après l'école primaire, le chemin de la Carréirade, puis le chemin des Adrets jusqu'au panneau Carpanne (alt. 656 m) au niveau du lieu-dit l'Adret.

2 Prendre à gauche le chemin de la Lare puis tourner à droite avec la DFCI S87. Franchir une barrière pour emprunter **un chemin ombragé qui serpente en pente douce dans un bois puis en balcon offrant de belles vues.** Après une autre barrière, le chemin se redresse un peu plus fortement, puis redescend pour arriver à la citerne 95 (alt. 723 m). Après un double virage en épingle, une succession d'autres virages mène vers Auriol que l'on aperçoit dans la vallée.

3 Sur la ligne de crête, 30 m avant une citerne, emprunter le sentier qui descend à gauche pour rejoindre la piste. 20 m plus loin, bifurquer à gauche pour prendre un agréable sentier ombragé qui débouche sur une piste. Suivre le sentier en face pour aboutir à l'angle d'un chemin. Partir à droite vers Auriol. À l'intersection, aller tout droit vers une barrière, continuer avec le chemin cimenté jusqu'à une petite route qui rejoint la D45a.

4 Traverser la route pour prendre en face le chemin du Petit-Pont. Passer à gauche sur le petit pont et poursuivre cette petite route ombragée qui passe devant un parcours aventure, **des vignobles du vin du Garlaban**. Traverser un carrefour (arrêt de bus la Colombe). **Longer l'autoroute A520 (excroissance de l'A52, Marseille-Aubagne-Aix), puis prendre un pont qui l'enjambe à droite.** Rester sur la gauche sur un passage aménagé. Prendre, à gauche, l'avenue Marceau-Julien qui traverse un lotissement (panneau sens interdit) pour aboutir sur la place de la Mairie et le cours du 4-Septembre.

5 Traverser cette grande place, passer à droite **sur un pont sur l'Huveaune pour aller à gauche le long de la rivière** jusqu'à la D560 (arrêt de bus Lacroix). Continuer à gauche sur le passage piéton, contourner le pôle culturel pour emprunter la route qui enjambe l'Huveaune. Après un arrêt de bus, partir à droite puis traverser l'Huveaune (alt. 178 m). Passer sur le trottoir de droite juste avant le pont de l'autoroute (A52) (remarquer le mausolée provençopolitain* McDonalds). Juste après ce pont, un deuxième pont sous **la voie ferrée de Valdonne (cf. p. 145), propriété de RFF*, un monument de l'histoire industrielle provençale, que l'on atteint ici facilement (un peu en contrebas de l'autoroute, parmi les herbes folles qui envahissent les rails, à l'ombre des arbres, le pied sur une ancienne borne géodésique, on peut savourer la vue sur l'Huveaune depuis une rambarde rouillée). C'est au niveau de Pont-de-Joux que l'Huveaune se heurte au massif de l'Étoile. Non sans y avoir creusé une falaise, elle échoue à le traverser, et finit donc par rejoindre Marseille en contournant le massif par la gauche, en dessinant un itinéraire qui sera emprunté plus tard par la voie de Valdonne (1868) et par l'A52 (Escota, 23 km). « Le cours de l'Huveaune, petit fleuve provençal, paraît d'une singulière complication malgré sa bien faible longueur, une cinquantaine de kilomètres seulement. » (J. Nicod, "La Percée épigénique de l'Huveaune d'Auriol à Pont-de-l'Étoile" in *Revue de Géographie alpine*, 1950).** Rester bien à droite afin de traverser prudemment la dangereuse route N96 ⚠.

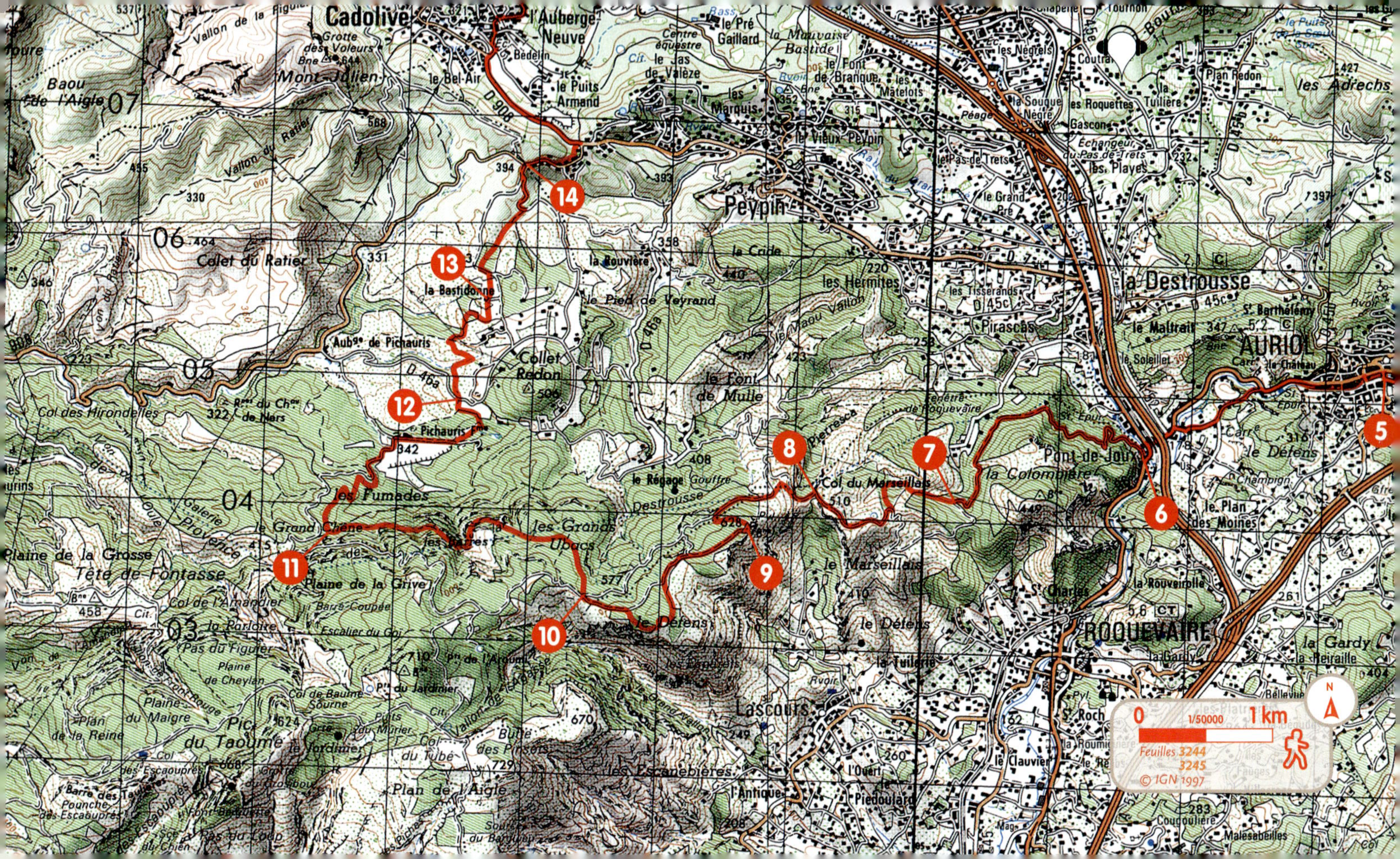

Cadolive
l'Auberge Neuve
Peypin
la Destrousse
AURIOL
ROQUEVAIRE
Lascours
Collet Redon
Col du Marseillais
Pont-de-Joux
la Colombière
les Hermites
le Font de Mulle
les Fumades
le Grand Chêne
Plaine de la Grive
Tête de Fontasse
Plaine de la Grosse
Pic du Taoumé
Plan de l'Aigle
les Escanebières
le Défens
les Grands Ubacs
Collet du Ratier
Mont Julien
Baou de l'Aigle
Col des Hirondelles
la Bastidonne
Aubge de Pichauris
Pichauris
le Régage
le Marseillais
la Rouvière
le Pied de Veyrand
le Cride
le Vieux-Peypin
les Marquis
le Puits Armand
le Bel-Air
Bedelin
D 908
1
2
3
4
5
6
7
8
9
10
11
12
13
14
0
1/50000
1 km
Feuilles 3244
3245
© IGN 1997

De Pont-de-Joux au mont du Marseillais | 6 km | 2 h

À Auriol > (Bus de l'Agglo gratuit n° 8 vers Aubagne)

6 Traverser la D96 avec grande prudence ⚠ en longeant le carrefour par la droite. Après une barrière, le chemin revêtu JB101 s'élève en effectuant des larges lacets jusqu'à un col (alt. 291 m) avec une citerne à droite. Continuer à gauche sur cette piste forestière. Après un passage en balcon, le chemin effectue un virage. Continuer encore 100 m après les flèches directionnelles.

7 À un virage sous des fils à haute tension, s'engager à droite dans **un sentier très agréable en corniche qui s'élève ensuite dans un vallon, pour arriver sur un petit col avec une vue sur le mont du Marseillais.** Après un replat, il s'élève à nouveau pour aboutir sur une piste ; la suivre à droite. Elle effectue ensuite un large lacet. Après la citerne 73, continuer la montée, puis descendre vers le col du Marseillais (alt. 479 m).

8 20 m après un virage à droite de la piste, partir à gauche dans un sentier qui monte jusqu'à une piste, que l'on suit à gauche. À une intersection, être attentif au balisage pour trouver 350 m plus loin le sentier qui part à gauche en épingle et s'élève en dévers. Grimper un ressaut rocheux pour atteindre le mont du Marseillais (alt. 628 m). **Panorama exceptionnel à 360° sur les massifs environnant, notamment sur toute la face sud de Sainte-Victoire.**

Du mont du Marseillais à Pichauris (D46a) | 6,5 km | 2 h

9 Contourner **les antennes et paraboles** par la gauche pour suivre un chemin de crête qui effectue de larges courbes (ignorer les autres directions). Le chemin surplombe le Grand Vallon de Lascours, face à la croix du Garlaban, puis descend pour aboutir à une piste (alt. 586 m). Flèches directionnelles et citerne (n°525).

10 Devant un grand chêne blanc, traverser la piste pour prendre, en face, un agréable chemin avec de belles vues. Poursuivre dans la même direction dans le sentier en balcon qui serpente dans les Grands Ubacs de Pichauris avec un panorama notamment sur le parc départemental de Pichauris. Le sentier descend ensuite sur une zone rocheuse, avant une légère remontée pour déboucher sur un sentier. Aller à gauche, et à une jonction, monter à droite pour accéder à la table d'orientation.

11 Revenir quelques mètres, pour descendre un sentier qui effectue quelques lacets, puis arrive sur un chemin. Le suivre à gauche. À la piste, **descendre vers le grand champ devant la ferme de Pichauris et le lavoir de la ferme (panneaux d'information)**. Poursuivre sur le grand chemin appelé « sentier des bergers ». Devant les **ruines de la plâtrière**, rester à gauche et continuer sur le chemin qui monte jusqu'à la route (D46a). **Le domaine de Pichauris fut rattaché à la commune d'Allauch par le Directoire départemental par arrêt du 28 pluviose an I (16 février 1793), selon la volonté même de ses habitants, comme celui de Ners se trouvant à proximité.**

Hors GR : entrée dans le Garlaban, le royaume odorant de Manon. Départ de promenades vers Allauch et Aubagne (bec du Garlaban, sommet du Taoumé, Tête-Rouge, vallon des Escaouprés...).*

17
16
15
14
13
12
083
082
Puits Léonie
Poney-club
Puits Castellane
Champign.
Champignonnières
la Pomm
la Valentine
Laganon
le Collet Blanc
le Pâté
St-Joseph
Clos de la Doria
Aire de Service de Peypin
la Doria
Zone d'Activités de Valdonne-Peypin
Anc. tf.
Valdonne
Silo
Ancienne Gare de Valdonne-Peypin
Chem.
le Merlançon
St. épur.
Château de Valdonne
Mon.
Chante-Coucou
les Gorgues
la Reyne
Stand de tir
l'Ortolan
Éc.
la Masque
Mie annexe
Cadolive
l'Auberge Neuve
le Cerveau
Centre équestre
le Pré
Grotte des Voleurs
Bédelin
Pont de Garoute
le Puits Armand
Bel-Air
le Jas de Valeze
Pyl.
Garoute
le Ratier
l'Escaillon
le Terme
PEYP
Rvoir
la Rouvière
Pié de Veyrand
la Bastidonne
Auberge de Pichauris
Collet Redon
les Trois Fonts
Pichauris
la Plâtrière
D 8
D 46a
D 908
D 7
0
1/25000
500 m
Feuilles 3244 ET
3245 ET
© IGN 2005, 2009
N

De Pichauris (D46) à Valdonne — 6,5 km — 2 h

12 Traverser la route pour prendre le sentier en face, légèrement à droite. Le descendre vers le fond d'un ravinement, puis monter à droite jusqu'à une croupe sous des fils électriques. Virer à droite, et plus loin à gauche. À une fourche, aller à droite. Après une légère descente, tourner à gauche pour suivre un sentier à la lisière d'un champ qui arrive à la **ferme en ruine de la Bastidonne.**

13 Partir à droite, puis suivre à gauche la clôture de la ferme. Franchir une barrière pour arriver sur une piste. Aller à gauche sur 20 m, puis prendre le sentier à droite qui descend d'abord brusquement. **Il devient plus agréable au fond du vallon dans un bois de chênes blanc**, puis débouche sur un chemin plus large. Suivre à gauche ce chemin qui s'élève vers le nord, pour aboutir sur la D 908 (alt. 394 m).

14 La traverser et la suivre à droite, sur 300 m, sur la piste cyclable ; puis emprunter à gauche la petite route qui longe le hameau Le Terme de Peypin (arrêt de bus à Peypin à 2 km, Cartreize n° 11 vers Aix). Au carrefour entre la D7 et la D908, prendre à gauche et suivre cette route jusqu'à un rond-point, puis continuer tout droit le long de la D908 qui entre dans le hameau de Cadolive (restauration dans le quartier d'Auberge neuve).

15 Poursuivre la route sur environ 1 km jusqu'à un rond-point, qui marque l'entrée dans la zone d'activité de Valdonne. **La zone d'activité de Valdonne est un important site industriel reconverti. On y a extrait des lignites dès le 16e s., et les mines de Valdonne, qui rejoignent celles de Gardanne, on été exploitées jusque dans les années 1980. Un premier four à ciment est implanté en 1854, c'est là qu'étaient cuits les ciments Désiré Michel qui ont donné les façades gris-jaune de Marseille. C'est aussi un des sites d'origine du groupe Lafarge. En 1914, la gare de Valdonne était la plus importante gare de marchandises du département, après celle de la Joliette.**

Entre Aubagne (1) et Valdonne (2), le GR®2013 (51,5 km, tracé bleu) croise la voie ferrée désaffectée de Valdonne (15 km, tracé rouge) à trois reprises, permettant de découvrir à trois reprises ce merveilleux chemin métropolitain en balcon.

1. Sortie d'Aubagne (p. 135)
2. Pont-de-Joux (p. 141)
3. Valdonne

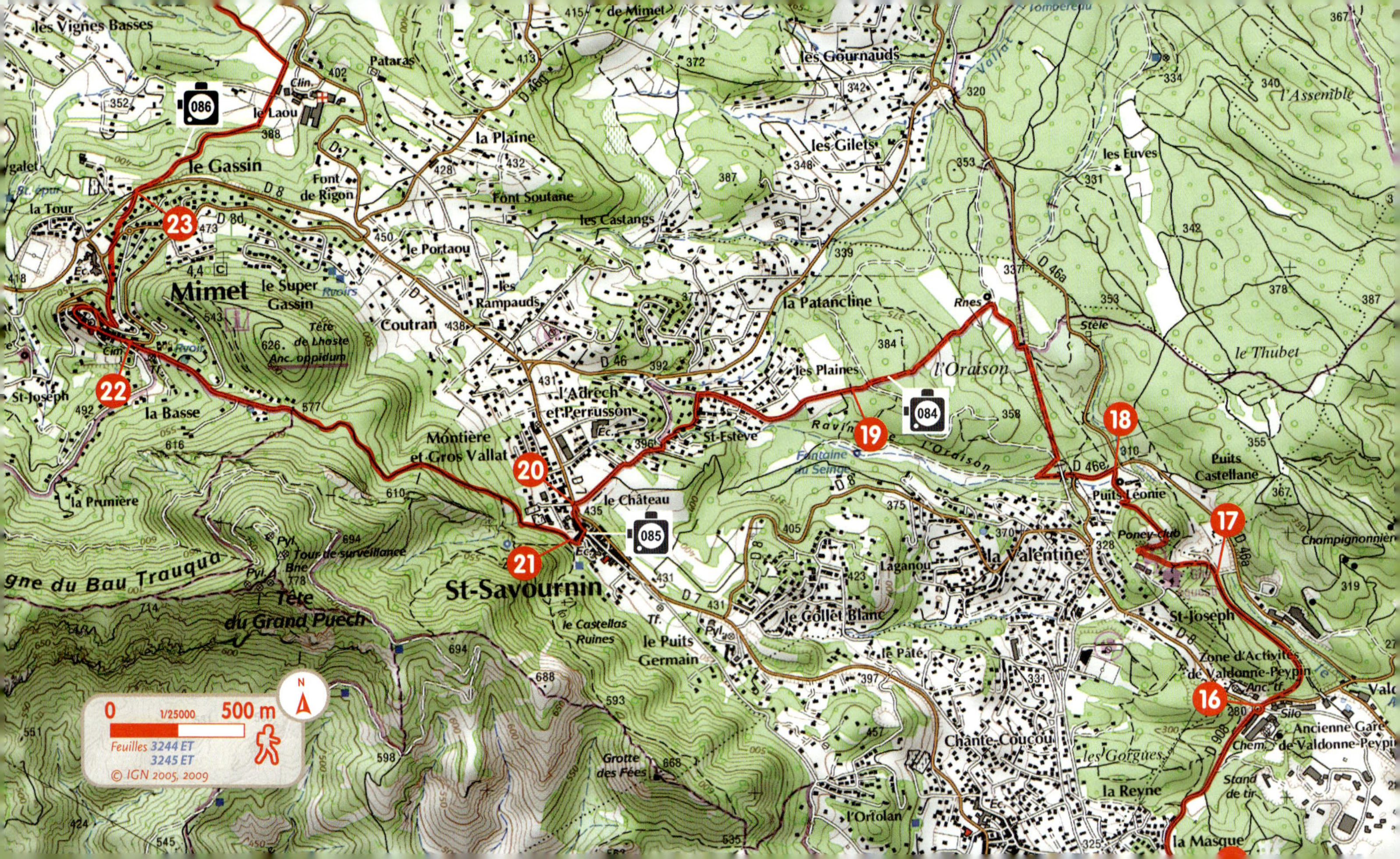
Mimet
St-Savournin
la Valentine
le Gassin
le Laou
la Plaine
Font Soutane
les Castangs
le Portaou
les Rampauds
Coutran
le Super Gassin
Tête de Lhoste
Anc. oppidum
la Basse
la Prunière
St-Joseph
la Tour
les Vignes Basses
Pataras
les Gournauds
les Gilets
les Euves
l'Assenible
le Thubet
la Patancline
les Plaines
l'Oraison
Ravin de l'Oraison
Fontaine du Seinge
St-Estève
l'Adrech et Perrusson
Montière et Gros Vallat
le Château
le Castellas
Ruines
le Puits Germain
le Collet Blanc
Laganou
le Pâté
Chante-Coucou
l'Ortolan
les Gorgues
la Reyne
la Masque
Puits Léonie
Poney-club
Puits Castellane
Champignonnière
St-Joseph
Zone d'Activités de Valdonne-Peypin
Ancienne Gare de Valdonne-Peypin
Stand de tir
Tour de surveillance
Tête du Grand Puech
Grotte des Fées
Font de Rigon
Stèle
016
17
18
19
20
21
22
23
16
086
084
085
0
1/25000
500 m
N
Feuilles 3244 ET
3245 ET
© IGN 2005, 2009

De Valdonne à Saint-Savournin (D7) — 5 km — 1 h 15

16 50 m après ce rond-point, prendre à gauche un sentier qui monte jusqu'à **l'ancienne ligne de chemin de fer** : la suivre à gauche.

17 On croise une piste : la prendre à gauche, puis s'engager à droite, près d'un portail, sur un sentier qui s'élève sur une croupe et longe le centre équestre « La Provence à cheval » (un des rares gîtes d'étape du département). Juste après le centre, prendre à droite pour atteindre un replat qui est **l'ancien crassier du puits Léonie. Très belle vue sur le mont Julien, la Sainte-Baume, le Garlaban. Le sentier s'élargit et descend vers le site du puits Léonie creusé en 1866 pour extraire la lignite.** Continuer sur un chemin revêtu pour déboucher sur la D46 e.

18 La traverser et la longer à gauche sur 150 m. Au virage à angle droit, s'engager tout droit sur un sentier qui passe sous un petit pont puis rejoint une piste. La suivre à droite jusqu'à une intersection, puis prendre la 2e à gauche (GA107), **chemin rectiligne qui retrouve l'ancienne voie ferrée pendant environ 500 m.** Devant une tour en ruine, s'écarter à gauche, suivre la piste dans les bois, puis traverser une autre piste (GA106). Aux abords des habitations, le chemin devient route.

19 Traverser le lotissement des Plaines puis le lotissement de Saint-Estève. 100 m après un abribus, partir à gauche vers le lotissement Le Clos. Le chemin devient pierreux ; après la propriété n° 59, emprunter un sentier qui longe ces propriétés. Il aboutit sur une route. La suivre à droite, puis monter vers la gauche face à la Tête du Grand Puech (alt. 778 m). Après la ferme du château, aboutir sur la D7 à l'entrée du village de Saint-Savournin.

De Saint-Savournin (D7) à Mimet (sortie du village, D8) — 3,5 km — 50 mn

À Saint-Savournin > (Cartreize n° 11 vers Aix du lundi au samedi)

20 Traverser la D7 au passage piéton et pénétrer dans le village par la montée de la Servy. Passer devant la chapelle, puis prendre à droite la rue Place-Neuve et continuer à droite jusqu'au bout de l'impasse pour arriver sur un sentier (flèches directionnelles).

21 Emprunter ce sentier en balcon qui passe au-dessus du cimetière puis s'élargit, s'oriente à droite et s'élève parfois fortement, dans un bois de chênes blancs. Après le replat du gros Vallat, le chemin se redresse à nouveau et redescend légèrement jusqu'à une barrière (alt. 577 m). Franchir cette barrière pour emprunter la petite route qui dessert des propriétés et descend jusqu'à la place de la poste. **À gauche, les barres rocheuses du Baou Trauqua dominent Mimet, plus haut village des Bouches-du-Rhône.**

22 Continuer par la rue Saint-Sébastien. Place de la mairie, prendre la voie de gauche qui contourne l'église **offrant une vue superbe sur Gardanne et les terrils**. Poursuivre par l'impasse CD8, puis après 50 m, descendre à gauche les escaliers du chemin de la Calade. Après le lavoir, partir à droite sur un chemin qui longe des maisons, puis traverse une route avant d'arriver sur la D8.

GARDANNE
Notre-Dame
la Crau
les Clapiers
Usine de traitem. des eaux
Carrière
Déchett.
Veline
Font du Roi
les Angles
le Pesquier
Font de Garach
Éc. sup.
San Bovieri
l'Abis
Ruisseau
les Aires
le Devens
St-Pierre
lou Claou
Bastide Coulomb
Bastide Nouveau
Sentier de découverte
Capéou
Centre équestre
Camp Jusiou
Verdillon
les Giboux
les Fabres
les Moulières
Château Bas
les Rigauds
la Félicie
le Safre
la Bastide Neuve
la Verrerie
la Source
le Pas de Porte
Garcin
les Vignes Basses
Font Belle
Gajan
Maison Blanche
les Saougéonnes
Reygalet
la Tour
le Laou
le Gassin
D 58
D 7
D 8
D 46a
28
27
26
25
24
23
087
0
1/25000
500 m
Feuille 3244 ET
© IGN 1999

De Mimet à Gardanne (gare SNCF) — 8,5 km — 2 h 30

À Mimet > (Bus CPA ligne 190 vers Aix)

23 Traverser la D8 avec prudence (⚠ passage piéton à aménager) pour emprunter en face le chemin du Jas-de-la-Croix. Ce chemin ombragé longe des propriétés, passe à proximité d'une clinique pour rejoindre une petite route.

24 Peu après au niveau d'une propriété (panneau stop), tourner à gauche pour suivre un sentier à la lisière des champs et des bois. Le sentier devient chemin, et aboutit sur une piste. Continuer tout droit pendant 50 m, puis emprunter à droite **un sentier ombragé dans un bois de chênes et de pins**, qui traverse une piste sous des lignes à haute tension pour rejoindre la D7 (alt. 365 m).

25 Traverser la D7 pour suivre en face le chemin forestier. Franchir une barrière, dépasser la citerne n°396 puis continuer dans ces bois de pins et de chênes verts. Le chemin passe à proximité du domaine du Verdillon (circuit d'orientation), sous des fils électriques. À la citerne n°269, continuer sur une petite route qui dessert des propriétés ; la suivre à gauche. Elle franchit le canal, pour arriver devant un lotissement et l'avenue des Aires.

26 Rester à droite sur un chemin piéton aménagé, le long de l'avenue des Aires. Traverser un parking pour prendre à droite l'avenue du Vieux-Pont en direction du centre de loisirs. Tourner à droite devant un arrêt de bus, **traverser le vallat de Saint-Pierre (affluent de la Luynes qui descend doucement vers Aix-en-Provence pour gonfler l'Arc). Descendre, à gauche, le sentier qui longe le ruisseau, puis le lycée.** Traverser le parking, puis le passage piéton, pour suivre un chemin aménagé jusqu'au grand parking du complexe sportif.

27 Longer l'avenue Léo-Lagrange qui débouche sur le cours de la République. Le traverser et le suivre à gauche sur 100 m. Place de la Liberté (mairie), prendre à droite la rue Ledru-Rollin et continuer par la montée du Castrum par des escaliers pour atteindre, à gauche, la rue de la Vieille-Église et le site magnifique de la place Paul-Cézanne **(vue sur l'usine d'alumine au-dessus des toits provençaux)**. Descendre par des escaliers qui contournent la Tour, puis partir à droite. Passer devant un lavoir, puis descendre les grandes marches ; prendre à droite la rue Courbet, puis gauche-droite pour rejoindre le boulevard Carnot. **À l'office du tourisme, départ de « H_2O-Gardanne », promenade urbaine guidée par une application smartphone, à la découverte de l'eau dans tous ses états.** Continuer à droite, sur le trottoir, jusqu'au rond-point de la gare. En marchant vers l'usine, observer **la poussière rouge sur les façades, traces de l'exploitation séculaire de l'alumine (voir p. 134-135). L'ancienne usine Pechiney de Gardanne a été créée en 1893 et a récemment été rachetée par le groupe Rio Tinto Alcan (leader mondial dans le domaine de l'aluminium). Elle emploie 400 salariés et 250 sous-traitants (selon l'entreprise). En 2010, sa production était de 450 000 tonnes d'alumine. L'alumine produit entre notamment dans la composition de céramiques industrielles réfractaires, de verre spéciaux.**

L'aérodrome des Milles
vu des berges de l'Arc
PHOTO GEOFFROY MATHIEU

Septième séquence
De Gardanne à la gare Aix-TGV
49 km

De Gardanne à l'Arbois, au prix d'un détour par Sainte-Victoire. Barrage Zola, cours Mirabeau, camp des Milles, ancien sanatorium de l'Arbois. Et quelques routes départementales menant à de grands sites départementaux.

« Moi derrière lui, les chaussettes, les talons, le sable, nous marchons lourdement, terre, ornières, sale chemin, reflets de cailloux brillants, lumière éclatante, bourdonnements, tremblements d'air chaud, le tout noir de soleil, et des maisonnettes, des clôtures, des champs, des bois, cette route, cette marche. »
W. Gombrowicz, *Ferdydurke*, 1937

« Les chaussettes, le sable, la route, la chaleur, je regarde, terre et sable, des caillous étincellent, une-deux, une-deux, les chaussettes, les talons, la sueur, les yeux clignotent, j'ai mal dormi dans le train, et toujours cette marche au ras du sol, écrasée, accablée. »
W. Gombrowicz, *Cosmos*, 1964

Meyreuil
GARDANNE
la Plaine
Campagne Bergas
les Anges
Château Bel-Air
la Vieille-Eglise
Labouaou
Grillet
Lisette
le Chicalon
Chicalon
les Roux
la Martelière
Roman
Mon.
Coteau Rouge
Payannet
la Cadenière
Bompart
Montaiguet
Quartier Rambert
Château de Barême
Chabanu
Anc. norias
Chante-Perdrix
Milhaud
Ruines
Vallon de Rambert
Gabrielly
Élev.
Anc. min
Anc. noria
Zone Industrielle
Mazargues
Cativel
le Ribas
Valabre
Pavillon de Chasse du Roi René
Lycée agricole
St. épur.
les Chemins d'Aix
Luynes
St-André
la Crémade
les Moulières
Fontvenelle
le Cousta
Bon Pertuis
Poste
Usine
Font du Roi
Portalier
089
088
1
2
3
4
5
6
7
0
500 m
1/25000
Feuilles 3143 ET - 3244 ET
3145 ET
© IGN 2009

De Gardanne (gare SNCF) à Meyreuil (centre-village) | 9 km | 2 h 30

À Gardanne > (TER fréquents vers Marseille et Aix)

1 Après le rond-point de la gare, passer sous la **voie ferrée (ligne Aix-Marseille) avenue Lieutaud, puis sous la deux fois deux voies (D6)**, et tourner à droite vers le plan d'eau. Traverser pour le rejoindre. Après le plan d'eau, devant le complexe sportif, descendre à droite pour emprunter le sentier qui longe **la rivière la Luynes (filant vers Aix)**. La traverser par un petit pont, passer sous la voie ferrée et continuer sur cette voie ombragée.

2 Juste avant un pont (à droite qui enjambe la Luynes), suivre le sentier à gauche qui traverse un champ. Il continue à droite puis à gauche à travers les champs pour arriver sur une butte. Après une petite montée, parcourir à droite **des crêtes secondaires ombragées qui dominent le lycée agricole.** Le sentier longe ensuite le lycée pour arriver au parking.

3 Tourner à droite. **(À gauche, un sentier aménagé mène au pavillon de chasse du roi René.)** La petite route traverse la Luynes, s'écarte à gauche, pour aboutir sur la D7. La traverser avec prudence pour suivre la route qui monte jusqu'au parking de l'écomusée. Emprunter le sentier en bordure droite de la route sur 700 m, jusqu'à ce que la clôture s'arrête.

4 Un sentier monte à droite vers un pylône. Au pylône, suivre la crête sur une centaine de mètres. **Vue imprenable sur les deux tours aérofrigérantes et la cheminée de 297 mètres de la centrale thermo-électrique. Dotée de l'unité à technologie propre dite CLF la plus puissance du monde (250 MWe), la centrale thermique de Gardanne est également équipée d'une seconde unité à charbon d'une puissance de 660 MWe, lui permettant de subvenir grandement aux besoins de la région PACA, déficitaire en terme de production d'électricité.** Puis redescendre à gauche vers le chemin de Roman.

5 Suivre le chemin de Roman tout droit environ 3 km jusqu'à la limite avec Meyreuil (cote 289, passage sous une ligne à haute tension).

6 Poursuivre tout droit chemin de la Martelière sur 500 m, et bifurquer à droite dans la courte traverse des Roux qui rejoint la D58 (trottoir). Au rond-point, prendre tout droit l'avenue de Puskarie. Emprunter le passage aménagé entre l'hôtel de ville et l'église.

Sainte-Victoire
Garlaban
Chacun son Fuji-Yama

De l'herbe partout
La revanche du printemps
Contre le bitume

Le bruit de mes pas
Sur ces cailloux blancs
Je suis vivant

Plus je marche et plus
Je me trouve intelligent
Des pieds

Au bord de la route
Rouges et épanouies
Fleurs dans le fossé

La vigne
L'olivier
Et moi

Erreur fatale
Il a pissé
Face au mistral

Un gabian traverse
Comme si de rien n'était
L'autoroute

Dans le couloir du métro
Déjà
Des odeurs de poisson

Un sac en plastique blanc
Vole haut
Sur fond de ciel bleu

Yves Gerbal, *Haïkus de Provence*

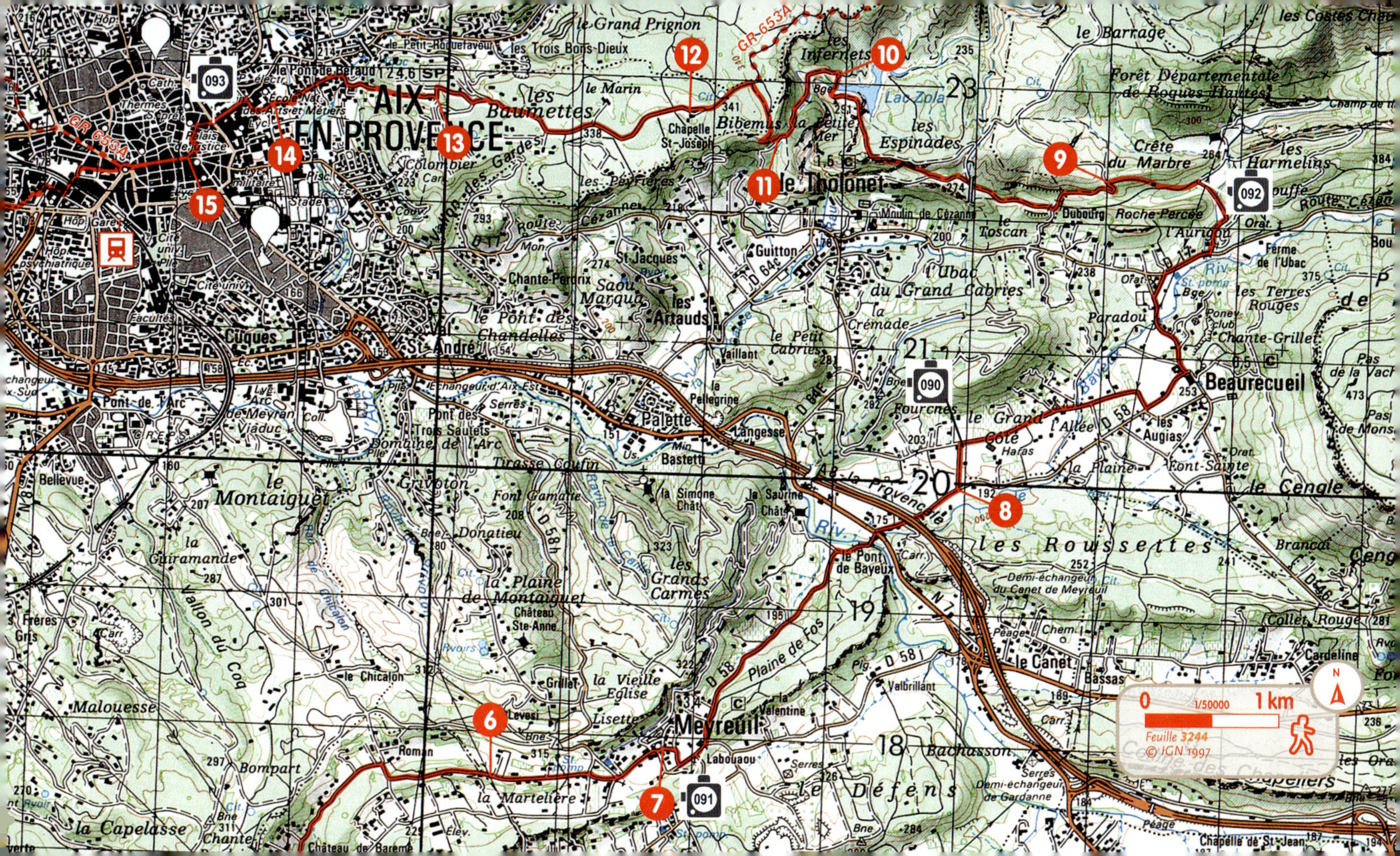

AIX EN PROVENCE
Beaurecueil
Meyreuil
le Tholonet
Palette
le Canet
Bassas
les Baumettes
Crête du Marbre
Lac Zola
les Infernets
Bibemus
Chapelle St-Joseph
le Grand Prignon
le Petit Roquefavour
les Trois Bons-Dieux
le Marin
le Barrage
Forêt Départementale de Roques-Hautes
les Harmelins
les Espinades
Moulin de Cézanne
Dubourg
Roche Percée
l'Aurigou
le Toscan
Guitton
St-Jacques
Chante-Perdrix
Saou Marqua
les Artauds
le Pont des Chandelles
St-André
Cuques
Pont de l'Arc
Viaduc
Domaine de l'Arc
Trois Sautets
Vaillant
la Pellegrine
Langesse
Bastetti
le Petit Cabries
la Crémade
l'Ubac du Grand Cabries
Paradou
Chante-Grillet
Ferme de l'Ubac
les Terres Rouges
Fourches
le Grand Côté
l'Allée
les Augias
Haras
la Plaine
Font-Sainte
le Cengle
les Roussettes
Brancai
Collet Rouge
Cardeline
le Pont de Bayeux
Plaine de Fos
les Grands Carmes
la Simone
la Saurine
le Montaiguet
Grivoton
Font Gamate
Donatieu
la Plaine de Montaiguet
Château Ste-Anne
Bellevue
la Guiramande
Vallon du Coq
Frères Gris
Malouesse
le Chicalon
Grillet
la Vieille Eglise
Levesi
Lisette
Roman
la Martelière
Bompart
la Capelasse
Château de Barème
Labouaou
Valentine
Valbrillant
Bachasson
les Défens
Demi-échangeur du Canet de Meyreuil
Demi-échangeur de Gardanne
Chapelle de St-Jean
A8 la Provençale
GR 653A
0
1/50000
1 km
Feuille 3244
© IGN 1997
090
091
092
093
6
7
8
9
10
11
12
13
14
15

De Meyreuil (centre-village) au barrage Zola | 7,5 km | 2 h

À Meyreuil > (Bus Cartreize n° 12 vers Aix et CPA navette 180 vers Aix)

7 Poursuivre à droite par la traverse des Mûriers jusqu'à la D58. La suivre à gauche avec prudence ⚠ sur environ 2 km, jusqu'au pont de Bayeux. Traverser la D7 pour prendre la route de Beaurecueil. Passer sous le pont de l'autoroute et continuer sur la D58 sur 400 m.

8 Prendre à gauche le chemin de la Chaîne, puis à droite celui de la Poudrière. Passer devant un centre équestre et des vignobles face à Sainte-Victoire et à la Croix de Provence pour aboutir à la D58k. La suivre à gauche. Passer devant le Moulin pour rejoindre la D17 par la D46. Tourner à droite sur 400 m et traverser la D17 pour emprunter la piste qui longe les parkings (entrée du parc départemental de Roques Hautes). Au bout du deuxième parking, emprunter le chemin qui, le ruisseau franchi, aboutit à une piste. Suivre **le chemin forestier à gauche dans un bois de pins et de chênes blancs. Traverser le site de la carrière de marbre : cabanes de carriers à gauche et à droite, carrière au fond d'un défilé rocheux, site d'escalade (marbre exploité du 17e au 19e siècle).** Le chemin s'élève ensuite à droite pour arriver à une intersection.

9 Descendre à gauche après un virage ; longer un cabanon en ruine et des **champs d'oliviers (mis en valeurs après l'incendie de 1989)**. À une fourche, s'écarter à gauche, observer un peu plus loin, à gauche, une statue de la Vierge. Continuer à droite, franchir une barrière pour emprunter la piste SV104 qui longe des champs d'oliviers, puis passe sous **l'aqueduc du Doudon**. 50 m avant une barrière, partir à droite. (Le chemin à gauche mène au Tholonet, à 1 km, bus vers Aix.) Le chemin devient sentier, et s'élève en balcon le long de barres rocheuses. Après un petit défilé rocheux, atteindre une piste. Descendre à gauche puis remonter vers une croupe **(vue sur le lac du barrage)**. Un sentier descend ensuite vers le barrage, longe la barrière de sécurité, traverse **la crête du barrage (construit de 1850 à 1854 par l'ingénieur italien Francesco Zolla – avec deux l – père de l'écrivain)** puis un petit pont (panneau d'information). Remarquer à gauche les **vestiges d'un canal de 7 km qui alimentait la ville d'Aix-en-Provence.**

Du barrage Zola à Aix-en-Provence (gare routière) | 8 km | 2 h

Au barrage Zola > (Au Tholonet, ligne CPA n° 13 vers Aix)

10 Continuer à gauche, passer devant **une ancienne maison forestière rénovée (elle servait d'habitation pendant la construction du barrage)**. Le chemin s'élève fortement sur une partie revêtue pour atteindre un col après un lacet (observer une tour de pierre à droite, alt. 287 m).

11 Gravir, à droite, la côte de terre rouge. Passer devant une petite borie et après un virage, atteindre le plateau un peu plus loin. Rester sur le chemin principal qui débouche sur une piste après deux piliers en pierre (alt. 346 m). Tourner à gauche. Le chemin passe devant **l'entrée des carrières de Bibemus** (visite sur rendez-vous), puis un parking et des panneaux d'information.

12 Franchir une barrière pour emprunter la petite route de Bibemus qui parcourt le plateau, passe devant des propriétés, s'élargit ensuite pour arriver à une intersection et un arrêt de bus. Suivre à gauche la voie montante du chemin d'Escracho-Pévou.

OPP GR®2013 - 002

OPP GR®2013 - 006

OPP GR®2013 - 007

OPP GR®2013 - 010

OPP GR®2013 - 014

OPP GR®2013 - 016

OPP GR®2013 - 020

OPP GR®2013 - 026

OPP GR®2013 - 029

OPP GR®2013 - 031

OPP GR®2013 - 035

OPP GR®2013 - 036

OPP GR®2013 - 037

OPP GR®2013 - 044

OPP GR®2013 - 047

Pendant 10 ans, chaque point de vue fera l'objet d'une reconduction annuelle afin de constituer une base d'analyse de l'évolution des paysages métropolitains.

ADOPTEZ UN PAYSAGE et contribuez à l'Observatoire photographique du GR®2013.
www.opp-GR2013.com

Commande publique du ministère de la Culture et de la Communication - Centre national des arts plastiques.
Coproduction Marseille-Provence 2013, capitale européenne de la culture.

OPP GR®2013 - 049

OPP GR®2013 - 052

OPP GR®2013 - 058

OPP GR®2013 - 061

OPP GR®2013 - 062

OPP GR®2013 - 064

OPP GR®2013 - 068

OPP GR®2013 - 070

OPP GR®2013 - 076

OPP GR®2013 - 077

OPP GR®2013 - 083

OPP GR®2013 - 092

OPP GR®2013 - 094

OPP GR®2013 - 098

OPP GR®2013 - 100

PAYSAGES USAGÉS

Observatoire photographique du paysage depuis le GR®2013

Geoffroy Mathieu et Bertrand Stofleth

OPP GR2013

AIX-EN
Mouret
St-Eutrope
les Capucins
St-Joseph
Béraud
Bouenhoure
Castel d'Ombre
Ste-Anne
Ravanasse
la Jauberte
Bredasque
St-Mitre
Centre commercial
les Deux Ormes
Jas de Bouffan
Mélanaxe
Dougnes
Météo France
Fondation Vasarely
Camp de Manthe
Valcros
la Constance
Provençale
Théâtre
Casino
Gare
Pavillon Vendôme
Cours Mirabeau
Atelier Cézanne
Poste électr.
Cliniques
Centre hospitalier spécialisé
GR 653A
A 51
D 17
D 64
D 65
14
15
16
17
18
19
094
095
0
500 m
1/25000
Feuille 3143 ET
© IGN 2009
N

13 Devant une propriété (alt. 302 m), partir à droite sur un chemin, puis descendre à droite sur un sentier ombragé qui longe des propriétés, aboutit sur une petite route, passe sous un petit pont de la traverse Baret. La route s'élargit devant l'immeuble « Le Clautet ». Continuer tout droit pour prendre la traverse du Lavoir de Grand-Mère. Longer le Torse et virer à droite sur le pont qui l'enjambe pour aboutir sur la rue Saint-Thomas-de-Villeneuve.

14 Contourner la polyclinique par la gauche, puis traverser à droite pour suivre l'avenue du Docteur-Aurientis. Continuer à gauche sur le cours des Arts et Métiers. Traverser le boulevard Carnot pour prendre la rue Portalis, puis suivre à gauche la place des Prêcheurs puis la rue Thiers. La quitter à droite pour la rue Tournefort qui aboutit sur le cours Mirabeau.

15 L'emprunter jusqu'à la place de la Rotonde (fontaine, alt. 185 m) ; la contourner par la droite et traverser l'avenue Napoléon-Bonaparte. Traverser la zone commerciale (Office du tourisme à gauche) par la rue Giuseppe-Verdi qui traverse la rue Villevieille. **Face au Grand théâtre de Provence (Gregotti 2007) monté sur ressort à cause de la voie ferrée toute proche, prendre à gauche l'avenue Armand-Lunel jusqu'au Pavillon Noir (Ricciotti, 2006). Entre ces deux bâtiments, avenue Mozart, observer la colline de l'oppidum* d'Entremont au Nord d'Aix, 369 m (cf. p. 70-71). Sous vos pieds, la voie ferrée Marseille-Aix se sépare en deux : d'un côté vers Avignon, de l'autre vers Rognac.** Tout droit à 100 m, la gare routière d'Aix.

D' Aix (gare routière) aux Milles (centre-ville) — 8 km — 2 h

À Aix-en-Provence > (Cars vers Marseille plusieurs fois par heure et vers Salon, Miramas, Aubagne...)

16 Prendre la première à droite pour entrer dans **la Cité du Livre, ancienne usine d'allumettes**. Aller au bout de la Cité du Livre et emprunter **la passerelle au-dessus de la route, puis tout droit sous le grand porche en ellipse d'un ensemble récent**. Prendre tout de suite à gauche l'avenue de La Pérouse (trottoir de gauche), et poursuivre en ignorant l'intersection jusqu'au rond-point face à la salle de jeu Pasino. S'engager à droite (trottoir de droite) sous une allée de jeunes platanes. 100 m plus loin, au rond-point suivant, prendre à gauche et longer le **Super U (sur cette place, marché le lundi, mercredi, vendredi, dimanche)**. S'engager dans la première à droite, rue Le Corbusier, dans **ce quartier calme et arboré de petites copropriétés**. Descendre la deuxième rue à gauche, boulevard du Docteur-Schweitzer (trottoir de droite). Bus Pays d'Aix, ligne 4. Puis prendre la première à droite, rue Edouard-Herriot. Au fond de cette rue, trouver à gauche un petit cheminement piéton qui mène à **une passerelle au-dessus de l'A51 (autoroute Aix-Marseille)**, face aux motifs noirs et blancs de la **fondation Vasarély** émergeant d'un rideau d'arbres. Traverser la passerelle, qui offre **une vue sur le massif de l'Étoile (Pilon du Roi) au Sud, et sur la colline d'Aix au Nord. Passée l'A51, on entre dans le quartier Jas-de-Bouffan.**

17 Après être passé sous la voie ferrée (ligne Aix-Rognac), prendre à droite un chemin arboré le long d'un clôture. Au bout de 300 m environ, après une tour hexagonale ruinée, filer à gauche au niveau de l'Hôtel des Ventes. Le sentier débouche dans une petite route bordée à gauche d'un sentier revêtu, qui croise ensuite une route plus grande pour entrer dans **le parc Gilbert-Vilers (direction « théâtre de Verdure »). Traverser le parc tout droit sur toute sa longueur pendant environ 500 m (point d'eau) en contournant le théâtre de Verdure par la droite – alignements de platanes, cyprès...** Dans le parc, auberge de jeunesse « Jas-de-Bouffan » (ouverte toute l'année).

0
1/25000
500 m
Feuille 3143 ET
© IGN 2009
N
Jas de Bouffan
Provençale
Patheron
Chap.
Fondation Vasarely
Poste électr.
Camp de Manthe
Valcros
la Constance
Pas de Goule
Clos des Sts-Pères
Orcel
Maison de retraite
Ancien Moulin de Gallice
la Molière
la Petite Molière
Bastide Bonnet
Pig. Château de Gallice
Centre aéré
la Souque
Plauche
Vallat
Bussan
la Poucelle
Château Maigre
Carrière
Loqui
Aérodrome
Aix-les Milles
l'Arc
St. épur.
Rvoir
la Badesse
Chem.
Tuilerie
Musée
Mémorial
les Milles
Monclar
St-Joseph
Centre commercial
la Pioline
Chât.
Déchett.
la Parade
Mais. de retr.
la Baume
Beauvallon
St-Jean
Centre
D 64
D 18
D 65
D 9
D 7
A 51
096
097
17
18
19
20
21
22

18 Poursuivre tout droit, en longeant la deux fois deux voies et en ignorant une première passerelle à droite qui la traverse. Sortir du parc par une passerelle qui mène au **vaste rond-point habité du bois de l'Aulne (300 m de diamètre)**. Serrer à droite et passer sous un premier porche, puis première à droite et tout de suite à gauche dans un petit coin de verdure face au bâtiment « Fructidor ». À gauche, passer sous un deuxième porche, puis prendre à droite, avant de longer une clôture à gauche. **(théâtre du Bois de l'Aulne)**. Trouver à gauche un troisième passage sour un porche qui débouche sur une nouvelle passerelle qui permet de sortir du rond-point. Poursuivre tout droit, sur le trottoir de gauche, jusqu'à trouver, 150 m plus loin (face au bâtiment D2) un petit escalier bois et métal qui descent en zigzag jusqu'à une route bordée de pins, que l'on longera à droite (sur le trottoir de gauche), après l'avoir traversée avec précaution. Arrêt de bus (Pays d'Aix ligne 3).

19 Au bout de 150 m environ, juste avant le bâtiment Pôle Emploi, trouver à gauche un sentier discret qui file en balcon au-dessus d'un petit lotissement, et descend **jusqu'à un fil d'eau. Ne pas prendre le premier pont à gauche, mais chercher à droite le sentier le plus proche du fil d'eau, et le suivre jusqu'à un gué qui permet de rejoindre, à droite, un pont plus important.** À ce pont, prendre à gauche une petite route qui mène à un rond-point, et filer à droite (trottoir de gauche), jusqu'à un rond-point paysagé au croisement avec la route de Galice (D64). **Une vue panoramique sur le massif de l'Étoile, l'oppidum* d'Entremont et, derrière Jas-de-Bouffan, Sainte-Victoire très élancée. Virer à gauche, pour suivre la route qui permet de passer sous l'autoroute A8 Lançon-Menton (⚠ attention, passage dangereux, poids lourds, extrême prudence recommandée).** 100 m près l'autoroute, traverser à droite la bretelle d'accès avec prudence ⚠ pour trouver, à gauche, **un petit chemin qui serpente agréablement dans la verdure (oliviers, fruitiers, peupliers, amandiers, ronces) et qui débouche, tout droit, sur le chemin des Saints-Pères, début d'une jolie séquence rurale.**

20 Suivre le chemin des Saints-Pères pendant environ 2 km, jusqu'à l'intersection avec la D18. Virer à gauche et ⚠ cheminer avec grande précaution le long de cette route très passante et dangereuse, qu'il faut suivre sur 750 m (10 mn). À l'intersection, traverser la route et prendre à gauche **(observer en passant le Pôle laboratoires du canal de Provence)**. Juste après être passé sous la voie ferrée Aix-Rognac, filer à droite à travers le lotissement des Demeures de Monclar. À la fin de l'allée de platanes, poursuivre tout droit jusqu'au **pont au-dessus de l'Arc.**

Des Milles (centre-ville) à la gare Aix-TGV | 15 km | 4 h

Aux Milles > (Bus CPA n° 4 vers Aix gare routière)

21 Juste après le pont, trouver à droite un raidillon qui mène au **lavoir des Grands-Mères, puis le long de la rive gauche de l'Arc,** que l'on quitte aussitôt par un petit escalier. Suivre à droite une rue qui mène qui camp des Milles, **une tuilerie désaffectée devenue un camp d'internement et de déportation français, ouvert en septembre 1939. Seul grand camp français d'internement et de déportation encore intact, il devient accessible au public avec l'ouverture d'un site-mémorial sur les lieux mêmes à l'été 2012.**

22 Sans traverser le passage à niveau, filer à gauche, le long d'une petite route calme au bord de la voie ferrée (chemin des Déportés), bordée d'un mur de briques. Juste après le camp, observer le **nouveau bâtiment de la tuilerie en activité,** puis la chambre d'hôtes de la Grande Bastide, puis **l'aérodrome d'Aix-Les Milles (trafic national et international commercial non régulier, avions privés), tout en profitant de la vue sur le nouveau quartier aixois de la**

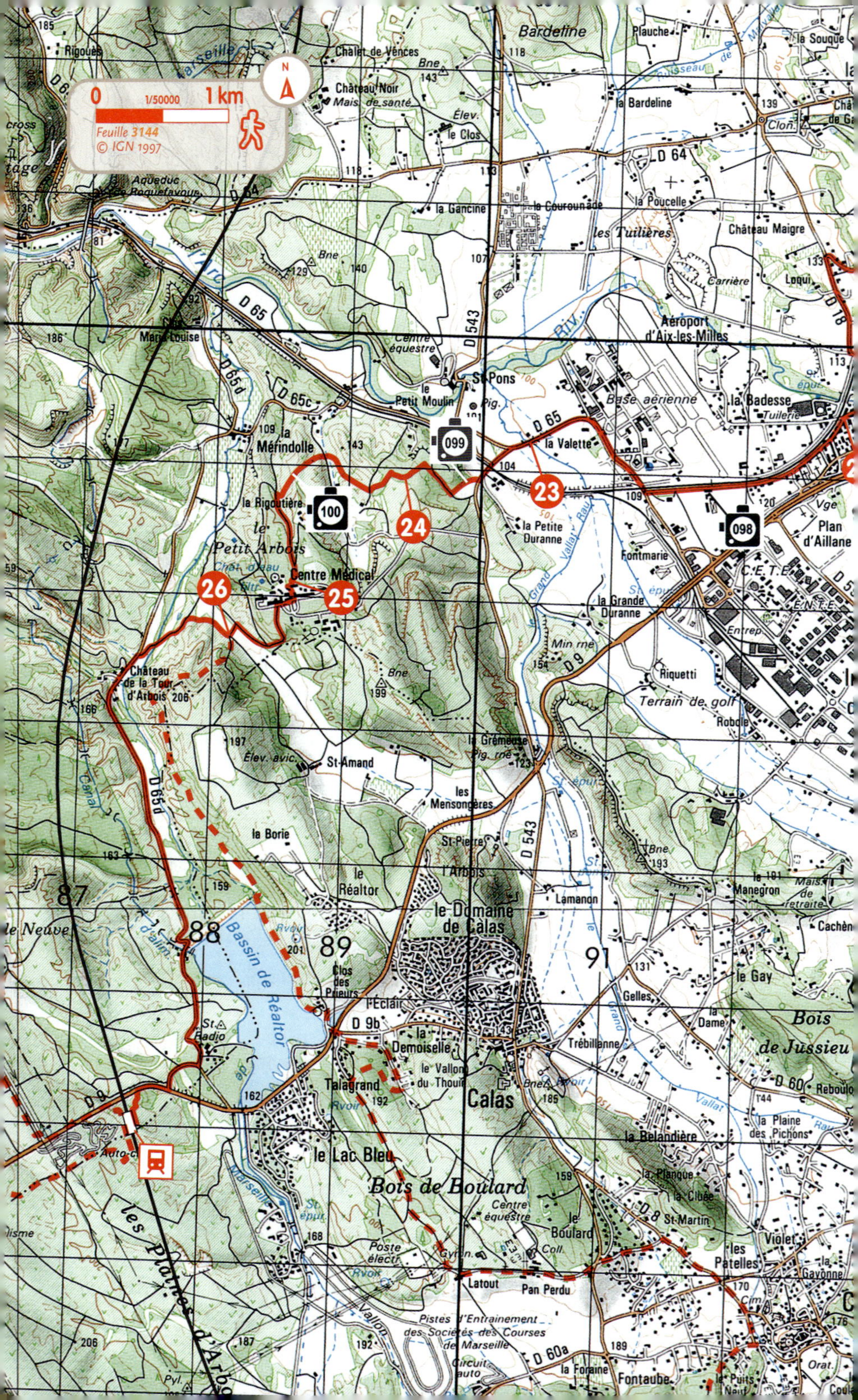

0
1/50000
1 km
Feuille 3144
© IGN 1997
N
Rigoues
Chalet de Vences
Château Noir
Mais. de santé
Élev.
le Clos
Bardeline
Plauche
la Souque
la Bardeline
Clon.
D 64
Aqueduc de Roquefavour
la Gancine
la Couronnade
la Poucelle
Château Maigre
les Tuilières
Carrière
Loqui
D 18
D 65
Marie-Louise
Centre équestre
D 543
Aéroport d'Aix-les-Milles
St-Pons
le Petit Moulin
Base aérienne
la Badesse
Tuilerie
D 65d
D 65c
la Mérindolle
D 65
la Valette
099
23
24
100
la Rigoutière
le Petit Arbois
la Petite Duranne
098
Plan d'Aillane
Vge
Fontmarie
C.E.T.E.
E.N.T.E.
Centre Médical
26
25
Chât. d'eau
la Grande Duranne
Entrep.
Min rne
D 9
Riquetti
Terrain de golf
Roboles
Château de la Tour d'Arbois
Bne
Élev. avic.
St-Amand
la Grémeuse
les Mensongères
D 65d
Canal
la Borie
St-Pierre
l'Arbois
D 543
Lamanon
le Réaltor
le Domaine de Calas
Manegron
Mais. de retraite
Cachène
le Neuve
87
88
89
91
Bassin de Réaltor
Clos des Prieurs
l'Éclair
D 9b
la Demoiselle
le Vallon du Thouin
Gelles
la Dame
le Gay
Bois de Jussieu
St Radio
Trébillanne
Talagrand
Calas
D 60
Reboulo
la Plaine des Pichons
la Bélandière
le Lac Bleu
Bois de Boulard
la Planque
la Clue
D 8
St-Martin
Centre équestre
le Boulard
Coll.
les Patelles
Violet
la Gayonne
Poste électr.
Latout
Pan Perdu
les Plaines d'Arbois
Pistes d'Entraînement des Sociétés des Courses de Marseille
Circuit auto
D 60a
la Foraine
Fontaube
le Puits Neuf
Orat.

Duranne, pôle d'activité créé en 2000 et devenu depuis 2009 une véritable agglomération (4500 habitants). Au passage à niveau (entrée du pôle d'activités des Milles, La Poste), s'engager à droite, ⚠ avec précaution, le long d'une route de nouveau très passante (D65) et la suivre pendant environ 1,5 km (20 mn). Après un beau bâtiment monovolume, à droite, composé d'épais panneaux préfabriqués, à l'américaine, observer le campus de l'ENSOSP (École nationale supérieure d'officiers sapeurs-pompiers, cf. première étape du GR®2013 p. 33).

23 Après le pont sur l'Arc, juste après un nouveau passage à niveau, **un petit marchand de primeurs et épicerie offre fruits et légumes de saison (ouvert du lundi au samedi de 8h à 20h, sauf en janvier, remise de 10% sur présentation de ce topo-guide)**. Face au primeur, quitter la route pour une piste. Après la barrière, prendre à gauche à une fourche un sentier qui zigzague en direction de la Duranne sur sa corniche. Au croisement avec un autre sentier, prendre à droite. Rester toujours à gauche jusqu'à rejoindre une piste. La suivre à gauche, en s'élevant lentement vers la Duranne.

24 À un carrefour avec une autre piste, quitter la direction de la Duranne en prenant à droite un chemin dans les pins qui vire rapidement à gauche **(belle garrigue* de genévriers, cistes, romarin, thym, salsepareille…)**. À un carrefour de trois pistes, prendre à gauche puis tout de suite à droite en bas d'un vallon, et le suivre pendant 400 m environ. À la fourche, virer à gauche, puis encore à gauche, dans une piste qui monte doucement. À une route, à droite puis tout de suite à gauche pour retrouver le sentier, qui s'élève. Observer la vue à 180° vers **le village d'Eyguilles, Sainte-Victoire, la cheminée de l'usine thermo-électrique de Gardanne et le massif de l'Étoile**. À une piste, prendre à droite, puis serrer à gauche, et juste après une ligne à haute tension, à un carrefour, prendre à gauche. Sous une petite ligne électrique, en vue d'un château d'eau, virer à gauche vers les bâtiments de **l'Europôle de l'Arbois (ancien sanatorium, Gaston Castel architecte, années 1930), où se trouvent aujourd'hui, parmi de nombreux autres bureaux, ceux du PDIPR***.

25 **Entrer tout droit dans l'ancien sanatorium par une petite place arborée. Juste après l'horloge, et avant le grand bâtiment blanc plus récent, virer à gauche dans le parking,** pour en sortir assez vite en suivant la même petite route calme entre les pins. Cette route devient une piste, passe un pylône. À une fourche, prendre à gauche en bordure d'un pré (chevaux). Suivre la route qui tourne à gauche (ignorer le chemin tout droit). Entre les deux prés à chevaux, observer un pipeline de gaz et la ligne à haute tension.

Ici (point n°26), le GR®2013 se sépare en deux : à gauche vers Marseille, et à droite vers Aix-TGV.

26 La piste descend en zigzaguant jusqu'à un petit pont sur le Grand Torrent. Au croisement avec une route, la prendre à gauche (on longe le domaine de la Tour d'Arbois). Le GR®2013 s'achève par 3 km d'un cheminement monotone entre les clôtures des propriétés du Conseil Général. À droite, **la ligne TGV où des trains bleus viennent percer le paysage à intervalles fixes dans un vacarme euclidien**, et à gauche, **le canal de Marseille et le vallon du Grand Torrent, que l'on remonte jusqu'au bassin de décantation et de clarification de Réaltor (cf. p. 99). Après avoir traversé le canal de Marseille,** suivre la petite route qui serpente à travers bois pendant environ 2 km (attention, lieu de charmes), jusqu'à un croisement. Traverser cette nouvelle route et la longer sur le bas-côté de gauche, qui devient un sentier virant à gauche, avant de déboucher, à droite, en sortant d'un bosquet, à la gare Aix-TGV.

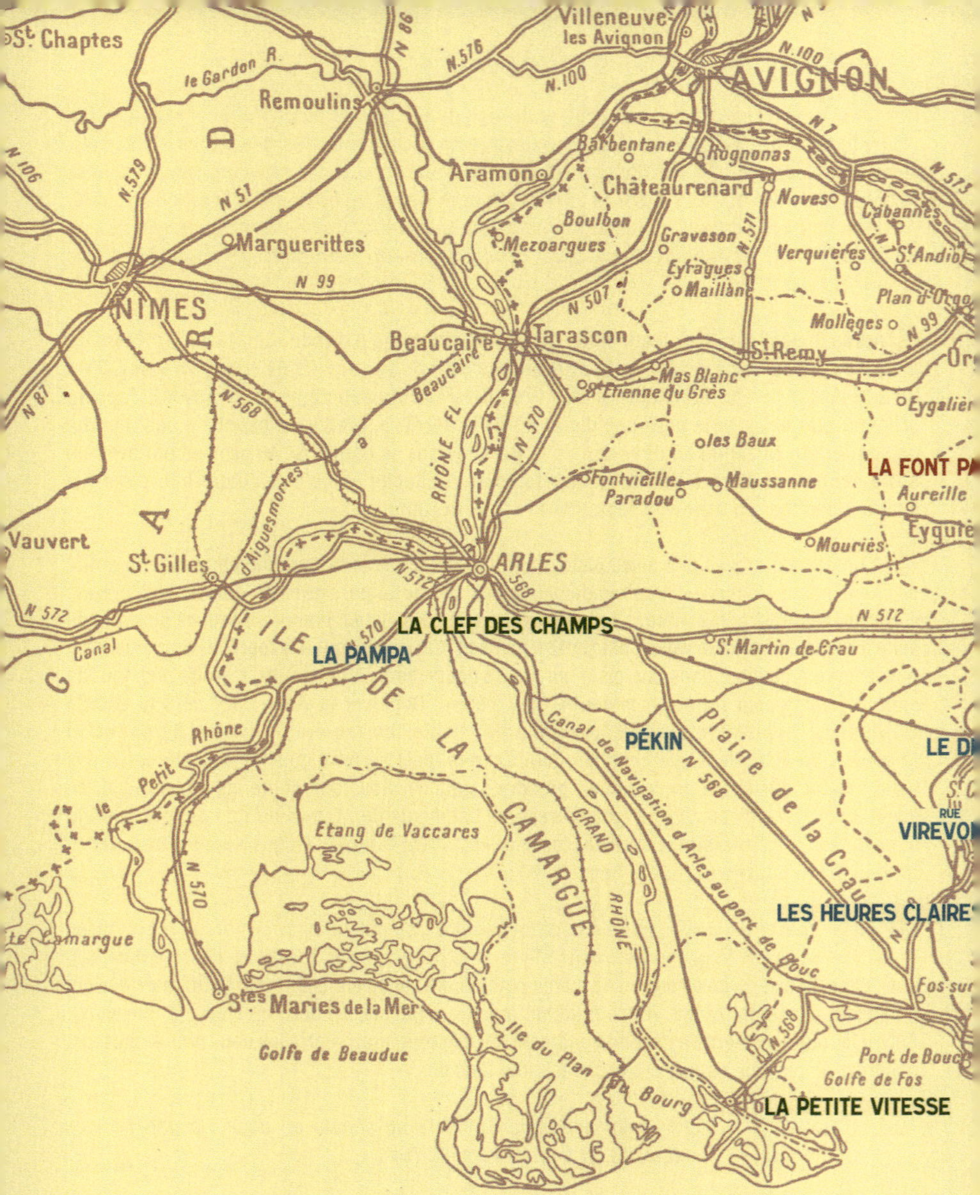

Les Heures Claires
Font Trompette

Le Pas de Porte
Virevolte

Pékin
La Havane
La Pampa

Le Delà
Tournebride

Chemin Dit Chemin Donne

La Langue
L'Assemble

Les Quatre Termes
La Font Paradis

La Petite Vitesse
Grave
La Clef des Champs

Trois parcours à travers les noms de lieux, par Marie Chéné

Carte d'après l'Annuaire Didot-Bottin

LES PROMENADES SONORES DE RADIO GRENOUILLE

Les Promenades sonores vous proposent d'écouter au casque (à partir de votre téléphone ou de votre baladeur) des créations sonores spécialement conçues pour les paysages du GR®2013, en marchant…
Plus de 40 promenades, une trentaine d'artistes et d'auteurs, qui vous invitent à une expérience proche d'un « cinéma pour l'oreille ».
Sons naturels, voix d'habitants, personnages de fiction, autant de récits qui documentent, musicalisent ou poétisent la découverte à pied du territoire.

PROMENADES
SONORES

Au fil du sentier, ce picto indique sur la carte les points de départ des Promenades sonores.

Téléchargement gratuit sur
www.promenades-sonores.com

QU'EST-CE QUE LE PAYSAGE SONORE ?

« …entendre l'environnement sonore comme si c'était une composition musicale – une composition dont nous serions en partie les auteurs. »
R. Murray Schafer, *Le Paysage sonore* (1978, éditions Wildproject 2010)

La notion de « paysage sonore » a été forgée par l'artiste et universitaire canadien Murray Schafer au début des années 1970. Le paysage sonore, c'est aussi bien les voix animales, les sons de la nature et les sons des activités humaines ordinaires, comme la conversation, le travail, ou encore les bruits d'origine mécanique des technologies industrielles de l'époque concernée.

A lire ou à consulter
R. Murray Schafer, *Le Paysage sonore*, éditions Wildproject, 2010
Alexandre Galland, *Field Recordings, l'usage du monde en 100 albums*, Le Mot et le reste, 2012
www.beaubruit.net
ecologiesonore.arte.tv
www.cresson.archi.fr

Quelques artistes sonores de référence
Luc Ferrari, Nicolas Frize, Yann Paranthoën, Chris Watson, Yannick Dauby…
(parmi beaucoup d'autres)

Écoutez le paysage

Promenades sonores, références et jeux d'écoute
par Julie de Muer

LA LECTURE DU PAYSAGE SONORE

Choisissez un endroit qui vous semble confortable et propice pour écouter. Essayez de repérer – en les notant par écrit :

> LES FONDS
ce qui vous semble être des sources sonores stables, comme une autoroute

> LES SÉQUENCES LOCALISÉES
dont les sources sonores sont des activités ou des occupations de l'espace bien identifiées, comme un terrain de jeux, un marché…

> DES SIGNAUX
des sons ponctuels ou jugés anecdotiques, comme une sonnerie, une cloche, ou le son avertisseur du tramway

Faites un dessin ou une carte à partir de vos notes.

LA MARCHE AVEUGLE

Mettez-vous par deux.

L'un de vous ferme les yeux, l'autre lui prend le bras et le guide sur le sentier (en se tenant légèrement devant pour prévenir des obstacles).

Faire l'expérience pendant au moins 10 minutes, avant de changer les rôles.

Racontez-vous vos expériences respectives.

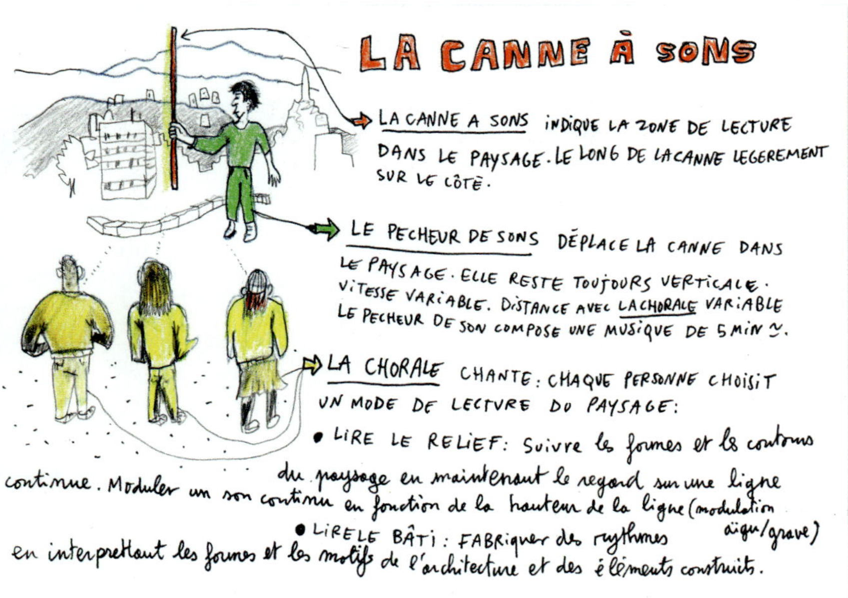

Comment utiliser ce topo-guide

POUR COMPRENDRE LA CARTE IGN

•974

Les courbes de niveau Chaque courbe est une ligne (figurée en orange) qui joint tous les points d'une même altitude. Plus les courbes sont **serrées** sur la carte, plus le terrain est **pentu**. A l'inverse, les courbes **espacées** indiquent une pente **douce**.

Route	
Chemin	
Sentier	
Voie ferrée, gare	
Ligne à haute tension	
Cours d'eau	
Nappe d'eau permanente	
Source, fontaine	
Limites de communes	
Silo	
Réservoir d'hydrocarbure	
Serre	
Activités industrielles	
Activités commerciales	
Activités publiques	
Camp militaire	
Point de vue	

D'après la légende de la carte IGN au 1 : 50 000.

Les sentiers de **Grande Randonnée**® décrits dans ce **TopoGuide** sont tracés **en rouge** sur la carte **IGN** au 1 : 25 000 (1cm = 250m) ou au 1 : 50 000 (1 cm = 500 m). Attention certaines cartes au 1 : 25 000 sont réduites à l'échelle 1 : 30 000.

Autres sentiers de **Grande Randonnée®** dans la région ou segments du GR®2013 non décrits dans la page concernée.

Observatoire photographique du paysage depuis le GR®2013 (OPP).
Ces pictogrammes (numérotés de 1 à 100) indiquent les 100 points de vue sélectionnés.
Détails et présentation de 30 points de vue p. 156.

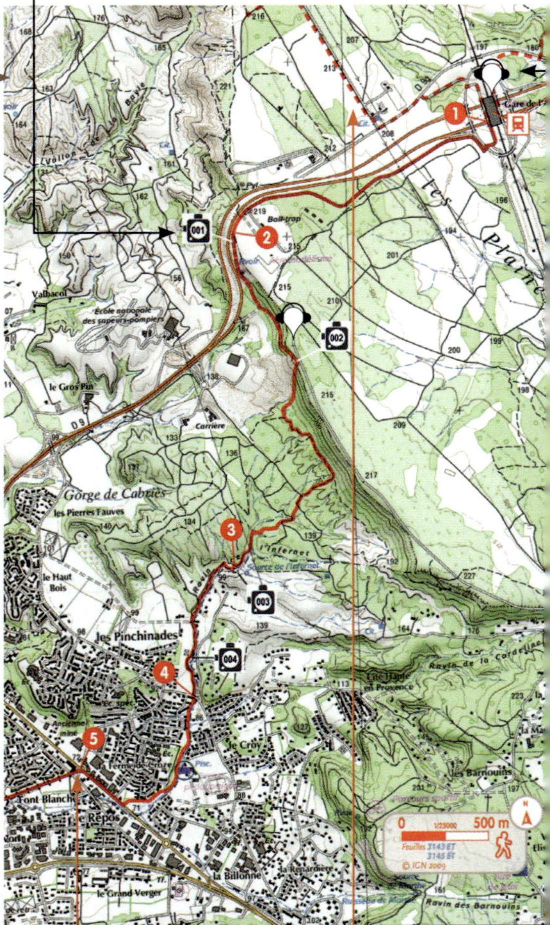

CE TOPO-GUIDE présente de nombreux aménagements par rapport aux topo-guides habituels. Soyez attentifs aux différences !

* Dans les descriptifs d'itinéraires, les termes suivis d'une astérisque sont rassemblés dans le« lexique provençopolitain » en fin d'ouvrage (pages jaunes).

Au fil du sentier, identifiez sur la carte les points de départ des « Promenades sonores ».
Téléchargement gratuit sur www.promenades-sonores.com
Détails p. 166.

De la gare Aix-TGV à Vitrolles (rond-point de Fontblanche) 8 km 2 h

À la gare Aix-TGV > (TGV toutes les heures vers Marseille, Avignon, Lyon, Paris TGV vers Bruxelles, Francfort. Cars très fréquents vers Aix-en-Provence et l'aéroport de Marignane.)

1 En face du portail Sud-Ouest de la gare Aix-TGV, s'engager dans la petite route du ball-trap, encombrée de voitures, et suivre cette route qui zigzague à l'ombre des pins pendant un peu plus d'1 km (15 mn). On surplombe la D9 devenue, depuis la création de la gare, une 2 fois deux voies en tranchée. Arrivé au parking d'entrée du ball-trap, quitter la route et continuer tout droit en direction du MACAP (Model Air Club d'Aix-en-Provence) et quitter la piste pour arriver en corniche à un point de vue sur le grand paysage de l'étang de Berre. À droite, la déchetterie d'Aix, en lisière de la commune de Vitrolles ; et à gauche, le *practice* de l'École nationale supérieure des officiers sapeurs-pompiers (ENSOSP) avec son faux village, sa tour de contrôle et son bout d'autoroute factice, qui servent aux entraînements en situation (cf. dernière étape du GR®2013 p. 163). Au bout de ce belvédère, laisser à gauche la route qui mène à la piste d'aéromodélisme (⚠ avions), et poursuivre tout droit pour rejoindre à droite, un peu en contrebas, l'ancienne route départementale, au bitume crevé de plantes sauvages, et coupée en biseau par la nouvelle D9. Descendre cette route sur environ 400 m, puis remonter à gauche dans l'ancienne "route des camions" de l'industriel Alusuisse, de façon à contourner le terril des boues rouges par la gauche. Depuis la plate-forme de déchargement des camions, on a une vue sur le cône d'épandage des boues rouges (cf. p. 132-133). Vue sur le cube de béton noir de l'achitecte Rudy Ricciotti : le "Stadium" de Vitrolles, son premier monument punk, lança sa carrière internationale.

2 À la plate-forme, trouver tout droit une petite sente raide qui descend en bordure des boues rouges (sans empiéter sur ces terres fortement colorantes), jusqu'à trouver une piste à gauche qui file dans le bois de pins. Quitter ensuite cette piste pour un chemin qui descend à droite. À une piste plus large, la prendre à gauche, jusqu'à un chemin à droite qui part dans les pins. À un carrefour, filer tout droit dans un sentier qui mène à de petites gorges roses. Au niveau d'une ligne électrique, descendre à droite dans les gorges, jusqu'à la source de l'Infernet.

3 Nichée sous un rocher et contenue par un bassin, la source de l'Infernet est une résurgence de type vauclusien, alimentée par les fuites du bassin du Réaltor. Elle donne naissance à la Cadière, que le GR®2013 tente désormais de suivre jusqu'à son embouchure dans l'étang de Berre. Ce cheminement en bord de rivière fut réalisé en même temps que les quartiers de la Frescoule au début des années 1980. « Les jeunes gens de Vitrolles aimant à se rendre à la source, il fallait en garantir l'accès. » (Georges Demouchy, paysagiste). La descente au bord de la Cadière commence par les gorges de Cabriès assez sauvages, puis le chemin se resserre vite le long des terrains des maraîchers, jusqu'au croisement avec une route. Ici, observer les anciennes prises d'eau de l'irrigation agricole, dont les béals été conservés dans la ZAC de la Ferme de Croze, aménagés en filets d'eau.

4 À ce croisement, continuer tout droit, et longer pendant 300 m l'arrière du lotissement, à travers de belles prairies. Un détour de 100 m à droite permet d'accéder à l'ancienne bastide de la ferme de Croze (aujourd'hui centre social du quartier), qui offre un point d'eau (robinet) et l'ombre de ses platanes pluricentenaires. Après les grandes prairies, prendre à droite l'avenue Jean Monnet (ancienne route nationale), jusqu'au rond-point de Fontblanche.

1. De la gare Aix-TGV à Port-de-Bouc • 33

Descriptif du bandeau :
- L'étape de… à
- Kilométrage
- Temps de marche
- Couleur du balisage
- 2 Situation sur la carte (indiquée p. de gauche), avec descriptif détaillé du sentier de Grande Randonnée®.

Curiosités, monuments et points d'intérêt :
- produire
- bâtir
- eaux
- biotopes

Voir p. 17 le détail de la signification des couleurs.

Itinéraires "Hors GR®" (indiqué en italiques) :
Le Hors GR® est un itinéraire, parfois non balisé, qui permet de rejoindre un point d'intérêt ou un hébergement.

Nuanciers métropolitains (p. 76 à 91)
Ce cahier central rassemble sur 8 double-pages une série de "collections" d'objets, réalisées par les artistes du Cercle des Marcheurs. L'ensemble de ces collections forme un "nuancier" qui donne des clefs de lecture du paysage métropolitain.

Suivez les balisages de la FFRandonnée

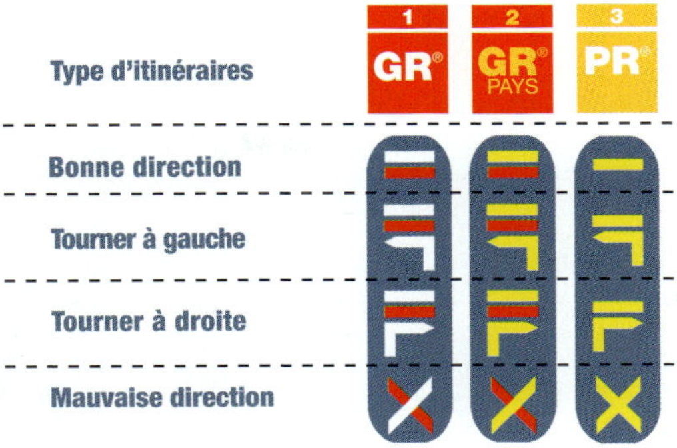

LES TYPES DE BALISAGE

1 Grande Randonnée
2 Grande Randonnée Pays
3 Promenade & Randonnée

Identifiez les matières dangereuses

Le GR®2013 traverse de vastes zones urbaines et périurbaines où les activités chimiques, pétrolières, ou encore nucléaires, sont très présentes.

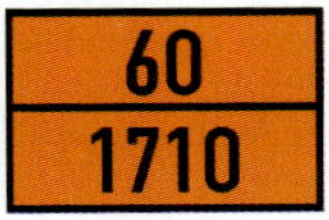

Sur les camions transportant des matières dangereuses, on remarquera à l'arrière et l'avant une plaque orange comportant deux chiffres séparés par une barre horizontale.

Le chiffre de la partie supérieure correspond au danger primaire et secondaire que constitue la substance transportée selon le tableau ci-dessous :

Chiffre	1e chiffre	2e ou 3e chiffre
0		pas de danger secondaire
1	MATIÈRES ET OBJETS EXPLOSIBLES	risque d'explosion
2	GAZ	réagit à l'eau d'où émanation de gaz
3	LIQUIDE INFLAMMABLE	inflammabilité
4	SOLIDE INFLAMMABLE, MATIÈRE AUTORÉACTIVE OU AUTO-ÉCHAUFFANTE, SOLIDE RÉAGISSANT AVEC L'EAU EN DÉGAGEANT DES GAZ DANGEREUX	inflammabilité ou auto-échauffement de solides
5	MATIÈRE QUI FAVORISE LA COMBUSTION OU PEROXYDE ORGANIQUE	activation de la combustion
6	MATIÈRE TOXIQUE	toxicité
7	MATIÈRE RADIOACTIVE	
8	MATIÈRE CORROSIVE	corrosivité
9	MATIÈRES DANGEREUSES DIVERSES	danger de réaction violente spontanée

Dans la partie inférieure de la plaque, se trouve le code matière qui est le numéro ONU sous lequel est référencé le type de produit transporté (près de 3000 numéros existants). Ainsi la première plaque présentée ci-contre nous donne : 60 = produit toxique, 1710 = trichloréthylène. (Voir sur Wikipedia l'article « Accord européen relatif au transport international des marchandises dangereuses par route ».)

Idées de randonnées

L'ITINÉRAIRE DÉCRIT

GR®2013 > Le GR®2013 propose un voyage d'une vingtaine de jours dans la métropole. Chacune de ces 7 séquences fait environ 50 km, et peut s'effectuer en 2 à 3 jours de marche.

Le sentier GR®2013 dans son intégralité :

Nous conseillons aux randonneurs de commencer par des promenades d'une demi-journée ou, idéalement, d'une journée. Les meilleurs points de départ (les plus accessibles et les plus riches en possibilités) sont la gare Aix-TGV et Marseille.
Le rythme de la randonnée en milieu périurbain est en général plus lent que dans la nature ou dans la campagne (compter plutôt 3 km/h au lieu de 4 km/h). D'abord parce qu'il est plus propice aux rencontres, aux arrêts et aux discussions. Ensuite parce qu'il offre davantage de points d'intérêt, de bizarreries, et de variété. Les territoires périurbains, plus habités, plus occupés, plus malmenés, ont parfois tendance à être plus éprouvants en retour pour Homo sapiens. Toutes ces particularités font qu'on est parfois rassasié plus rapidement qu'en montagne. 4 ou 5 heures de marche suffisent parfois pour une journée. Et une journée, pour commencer, c'est déjà bien.

5 BALADES D'1/2 JOURNÉE (1 H 30 À 4 H)

D'Aix-TGV à Pas-des-Lanciers (4 h) .... **p. 32 à 35**
Départ : gare Aix-TGV (depuis Marseille en TGV ; depuis Aix en car)
Retour : gare Pas-des-Lanciers (vers Marseille en TER)

De Saint-Antoine à la Busserine (3 h) .... **p. 118 à 123**
Départ : gare SNCF de Saint-Antoine (depuis Aix ou Marseille)
Retour : gare SNCF Picon-Busserine (vers Aix ou Marseille)

De Ranquet à Istres (1 h 30) .... **p. 53**
Départ : rond-point du Ranquet, Cartreize 25 (depuis Martigues ou Miramas)
Retour : arrêt des Haures Claires, Cartreize 25 (vers Martigues ou Miramas)

De Martigues à Port-de-Bouc (3 h) .... **p. 43 à 45**
Départ : place des Aires, Cartreize 34 (depuis Marseille) ou 25 (depuis Salon ou Aix)
Retour : gare SNCF de Port-de-Bouc (vers Marseille)

D'Aix aux Milles (2 h) .... **p. 159**
Départ : gare routière d'Aix (depuis Marseille ou de nombreuses autres communes)
Retour : arrêt bus CPA n°4 (vers Aix)

NOTRE AVIS
*** incontournable
** superbe
* intéressant

EXEMPLES DE VOYAGES MÉTROPOLITAINS

NIVEAU MÉTROPOLITAIN
1 : dominante bucolique
2 : entre ville et nature
3 : dominante périurbaine

	1/2 journée	
***	Aix-TGV - Pas-des-Lanciers	3
***	Saint-Antoine - Sainte-Marthe	2
**	Ranquet - Istres	1
**	Martigues - Port-de-Bouc	3
**	Aix - Les Milles	2

	1 journée	
***	Aix-TGV - Marignane	3
**	Marignane - Martigues	2
***	Port-de-Bouc - Ranquet	2
***	Ranquet - Miramas	2
**	Miramas - Salon	2
**	Salon - La Fare	2
***	La Fare - Aix-TGV	2
***	Aix-TGV - Saint-Antoine	3
**	Saint-Antoine - Vieux Port	3
**	Vieux Port - Valentine	2
***	Saint-Antoine - Saint-Just	2
***	Valentine - Aubagne	2
***	Gémenos - Auriol	1
**	Auriol - Saint-Savournin	1
**	Saint-Savournin - Gardanne	2
*	Gardanne - Aix	2
***	Aix - Aix-TGV	3

	2 jours	
***	Aix-TGV - Martigues	3
**	Marignane - Port-de-Bouc	3
**	Aix-TGV - Vieux-Port	3
***	Vieux Port - Aubagne	2
***	Saint-Antoine - Valentine (par le terroir)	2
***	Gémenos-Pichauris	1

	3 jours	
***	Aix-TGV - Port-de-Bouc	3
***	Port-de-Bouc - Salon	2
***	Saint-Antoine - Aubagne (par le terroir)	2
**	Saint-Antoine - La Valentine (par le littoral)	3
**	Aubagne-Gardanne - Aix-TGV	2
**	Aubagne - Cadolive	1
**	Miramas - Aix TGV	2

	4 jours	
***	Saint-Antoine - Saint-Just - La Valentine - Mazargues - Hôtel de ville - Saint-Antoine	3

	10 jours	
***	LE TOUR DE LA MER DE BERRE Aix-TGV - Martigues - Istres - Salon - Aix-TGV	3
**	LE TOUR DU MASSIF DE L'ÉTOILE Aix-TGV - Marseille - Aubagne - Gardanne - Aix-en-Provence - Aix-TGV	2

17 PROMENADES D'1 JOURNÉE (4 À 7 H)

QUATRE RANDONNÉES DE 2 JOURS

D'Aix-TGV à Martigues (p. 30 à 39) :
Du plateau de l'Arbois vers les rives de la mer de Berre, au fil de la Cadière, de la cuesta* des Pennes, du cordon dunaire du Jaï et de la chaîne de la Nerthe.

	2 Jours
1er jour : d'Aix-TGV à Marignane	**22,5 km**
2e jour : de Marignane à Martigues	**24 km**

De Martigues au Ranquet (p. 43 à 51) : Le long du chenal de Caronte, vers le golfe de Fos puis, après une nuit à l'hôtel de la Poste, le paysage des étangs et retour au littoral de la mer de Berre.	**2 Jours**
1er jour : de Martigues à Port-de-Bouc	**12 km**
2e jour : de Port-de-Bouc au Ranquet	**18 km**

Du Vieux-Port à Aubagne (p. 110-115 puis 126-131) : Après la variété insoupçonnée de l'urbanisme des quartiers Sud de Marseille, une nuit au Formule 1, puis une élévation sur les flancs du massif de Carpiagne.	**2 Jours**
1er jour : du Vieux-Port à la Valentine	**22 km**
2e jour : de la Valentine à Aubagne	**21 km**

De Saint-Antoine à la Valentine (p. 116 à 125) : Vallon secret, balcon spectaculaire au-dessus de Marseille, traversée des quartiers Nord entre villages, cités, traverses, parcs… le terroir marseillais dans toute sa variété et sa profondeur.	**2 Jours**
1er jour : de Saint-Antoine à Saint-Just	**14 km**
2e jour : de Saint-Just à la Valentine	**10 km**

UNE RANDONNÉE DE 3 JOURS

De Port-de-Bouc à Salon (p. 30 à 61) Industrie, étangs*, oppida*, littoral, Crau : un aperçu très contrasté de tous les aspects de la mer de Berre en seulement trois jours .	**3 Jours**
1er jour : de Port-de-Bouc au Ranquet	18 km
2e jour : du Ranquet à Miramas	15 km
3e jour : de Miramas à Salon	15 km

UNE RANDONNÉE DE 4 JOURS

La boucle marseillaise (p. 103 à 125): Un voyage de 70 km à l'intérieur des limites de la commune de Marseille.	**4 Jours**
1er jour : de Saint-Antoine au Vieux-Port	14 km
2e jour : du Vieux-Port à la Valentine	22 km
3e jour : de la Valentine à Saint-Just	10 km
4e jour : de Saint-Just à Saint-Antoine	14 km

UNE RANDONNÉE DE 9 JOURS

Le tour de la mer de Berre (p. 28 à 75) : Le tour d'une vaste mer intérieure, sur la trace des Celtes, à la rencontre d'un pôle industriel international, autour d'un écosystème en cours de restauration.	**9 Jours**
1er jour : d'Aix-TGV à Marignane	23 km
2e jour : de Marignane à Martigues	24 km
3e jour : de Martigues à Port-de-Bouc	12 km
4e jour : de Port-de-Bouc au Ranquet	18 km
5e jour : du Ranquet à Miramas	15 km
6e jour : de Miramas à Salon	15 km
7e jour : de Salon à La Fare	19 km
8e jour : de La Fare à Vitrolles	22 km
9e jour : de Vitrolles à la gare Aix-TGV	10 km

Dormir chez l'habitant

La coopérative Hôtel du Nord, fabrique d'histoires

Hôtel du Nord est une coopérative d'habitants qui se sont rencontrés sur les chemins, dans les rues et les terrains vagues pour mettre en actes et en marches une approche « intégrée » du patrimoine.

Hôtel du Nord a été imaginé pour proposer à des visiteurs, venant de tout à côté ou de plus loin, de partager concrètement cette expérience. C'est la première coopérative patrimoniale en Europe.

Habitants, artistes, chercheurs, élus, chacun détient un fragment des récits qui, ensemble, commencent à raconter une histoire de la complexité de cette ville, vue par le Nord. Une histoire que l'on construit, partage, comprend en marchant. Fabriquer une connaissance du territoire, une manière d'habiter aussi, qui met en jeu nos perceptions sensibles, les contextes traversés, les savoirs collectifs en présence.

Balades urbaines flirtant souvent avec les lisières de ville, chambres chez l'habitant dans des quartiers où la question même de séjourner ne va pas de soi, Hôtel du Nord réinvente des formes d'hospitalité qui vont vers l'autre, qui ouvrent des passages là où ils se ferment, qui revendiquent la diversité de ces quartiers tout en actant que le vivre ensemble est aussi la responsabilité de chacun.

Hôtel du Nord propose des chambres principalement dans les 15ᵉ et 16ᵉ mais aussi dans les 2ᵉ, 3ᵉ, 13ᵉ et 14ᵉ arrondissements et jusqu'à Vitrolles. Vous pouvez également participer à l'une des balades construites et guidées par des habitants. Hôtel du Nord, c'est aussi les *Récits d'hospitalité*, de Christine Breton, une série de livres et de produits fabriqués au Nord, permettant de lire ce travail participatif et citoyen de recherche patrimoniale.

CHAMBRES CHEZ L'HABITANT COOPÉRATIVE "HÔTEL DU NORD" À MARSEILLE

Petit déjeuner compris (sauf autre mention)
(tarifs donnés à la date de janvier 2013)

Les Aygalades (15e) Maison - 35 €
Nicolas et Karyn 06 16 82 38 56, 2 chambres (4 places)

L'Estaque (16e) Maison - 40 € ou 25 €
Danièle 06 61 94 31 07, 2 chambres (3 places)

L'Estaque (16e) Bastide - de 140 € à 160 € (4 personnes minimum)
Martine 06 73 07 41 88, 3 chambres (8 places)

L'Estaque (16e) Gîte en maison - 85 € à 130 €
Gérard & Janine 06 61 88 68 13 ou 04 91 46 52 81, 2 chambres (6 places)

L'Estaque (16e) Gîte en Maison - de 60 à 90 €
Laurence et Pierre 06 61 88 68 13, 2 chambres (4 places) *Petit déjeuner 10 €*

Mourepiane (16e) Bastide - de 50 € à 160 €
Joëlle et Roger 06 20 59 41 83
3 chambres (5 places)

Mourepiane (16e) Bastide - de 60 € à 70 €
Michèle 06 62 41 55 32 ou 04 91 09 29 46, 1 chambre (2 places)

St-Antoine-Verduron (15e) Ancienne ferme - 40€
Dominique 06 19 62 68 54
1 chambre (2 places) *Petit déjeuner 5-8 €*

Saint Antoine (15e) Bastide - 35 € ou 30 €
Gare Franche 04 91 65 17 77
4 chambres (8 places)

St-Antoine-les Mayans (15e) Maison - 40-50 €
Agnès et Louis 04 91 09 07 38, 1 chambre (2 places)

St-Louis-La Cabucelle (15e) Appartement - 40 €
Virginie 06 83 57 57 59, 1 chambre (2 places)

La Cabucelle (15e) Maison - 35 € ou 30 €
Christine et Claude 06 79 44 62 80, 1 chambre (2places)

Belle de Mai (3e) Appartement - 40 €
Agnès 06 72 99 58 70, 1 chambre (2 places)

Saint-Henri (16e) Maison - 50 € et 40 € (80 € pour 4)
Christine 06 70 15 26 65 2 chambres (4 places)

Saint-André (16e) Maisonnette - 50 €
Catherine 06 75 01 85 98, 1 chambre (2 places)

Saint-Antoine-Notre Dame Limite (15e) Maison - à partir de 50 €
1 chambre ou un étage de maison (2 places pour la chambre, 6 tout l'étage)
Marie et Mario 06 15 15 51 50

Saint-André (16e) Gîte en Maison - de 50 à 70 €
Ghislaine et Manu 06 18 46 39 02 1 chambre (4 places)

L'Estaque (16e) Bateau en cabines à partir de 25€ (10€ si adhérent)
Lionel et sa goélette Goélen 06 85 47 33 13 (10 places)

À VITROLLES

Association "Le Cercle des Lecteurs Retrouvés" 25 € et 45 €
04 42 78 72 58 / 06 19 04 28 27
2 chambres (3 places) salle d'eau commune

Présentation des chambres
programmation des balades
achat des « récits d'hospitalité »
sur
www.hoteldunord.coop

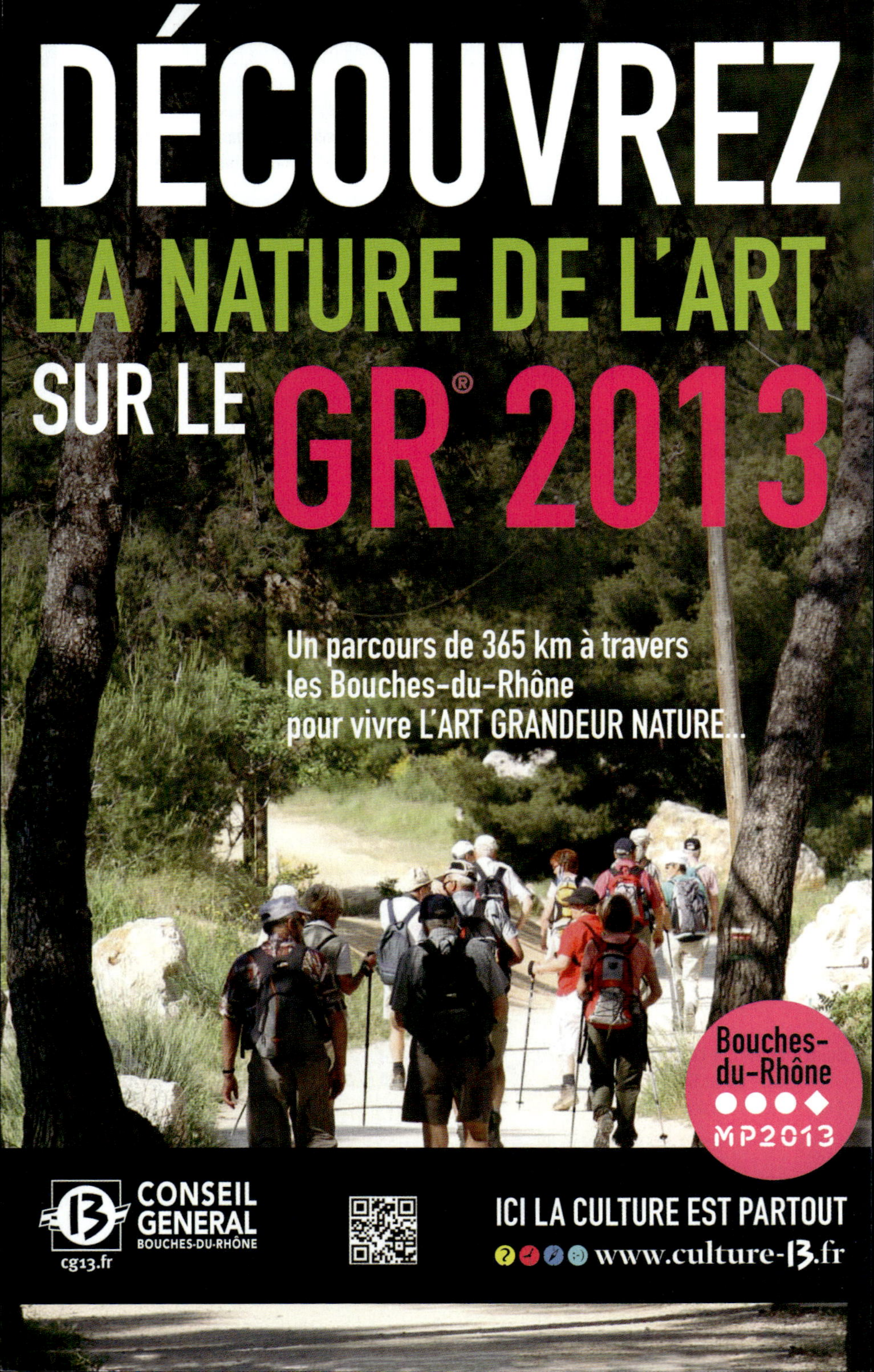
DÉCOUVREZ
LA NATURE DE L'ART
SUR LE GR® 2013
Un parcours de 365 km à travers
les Bouches-du-Rhône
pour vivre L'ART GRANDEUR NATURE...
Bouches-du-Rhône
MP2013
CONSEIL GENERAL
BOUCHES-DU-RHÔNE
cg13.fr
ICI LA CULTURE EST PARTOUT
www.culture-13.fr

Hébergements professionnels

HÉBERGEMENTS SITUÉS SUR LE GR®2013 ou à proximité

Hébergements dans le sens du parcours
(tarifs donnés à la date de janvier 2013)

BOUCLE DE LA MER DE BERRE

Aix-TGV (Cabriès)
- **Chambre d'hôte Bastide Tara** (Clevacances 3 clefs), 375 route de Saint-Martin, 100 €, 04 42 58 57 78 (à 4 km)
- **Chambre d'hôte Romeo et Juliette** (Gîtes de France 3 épis), impasse de la Draille - Route de la Bellandière (Calas), 66 €, 04 42 22 82 31 (à 4,5 km)

Vitrolles (rond-point de Fontblanche)
- **Hôtel ** Kyriad Mermoz**, 1 av. Jean Jaurès - ZAC de l'Agavon (Les Pennes-Mirabeau), 77 €, 04 42 46 65 65
- **Hôtel ** Ibis Budget**, 81 bd de l'Europe - ZAC de l'Anjoly, 45 €, 08 92 68 09 71 (à 2 km de Fontblanche et à 3 km de Pas-des-Lanciers)

Pas-des-Lanciers
- **Hôtel ** Balladins Aéroport,** 2 rue de Madrid - Z.I. des Estroublans (Vitrolles) 72 €, 04 42 15 14 14, (à 2,5 km)

Marignane (av. Charles de Gaulle)
- **Hôtel St André (non classé)**, av. Roland Corrao - Rue René Chiari, 54 €, 04 42 09 35 00 (à 2 km)
- **Camping du Jaï (non classé)**, 95 av. Henri Fabre - Plage du Jai, 18,80 €, 04 42 09 13 07 (à 3 km)
- **Chambre d'hôte La Benquiado (sans label)** 20 montée des Argelas, 04 42 88 79 05

Châteauneuf-les-Martigues (rond-point de la Glacière)
- **Chambre d'hôte Villa Souleïado (sans label)** 2 imp. des Amandeirets, 60 €, 04 42 76 17 17 (à 4 km)
- **Hôtel Balladins ***** RN 568 - Route de Jaï, 60 €, 04 42 34 10 06
- **Hôtel Le Colisée (hôtel des ouvriers de la raffinerie, proposé par le Cercle des Marcheurs)** 5 av. Mirabeau, La Mède, 04 42 81 85 54

Martigues (place des Aires)
- **Clair Hôtel**,** 57 bd M. Cachin, 68 €, 04 42 13 52 52 (à 1 km)
- **Hôtel 5 **,** 35 bd du 14 Juillet, 50 €, 33 (04) 42 80 49 16 (à 1 km)
- **Chambre d'hôte Mazet du Val des Pins (sans label)** 1 rue Bel-Air, 65 €, 04 42 07 44 87, (à 2 km)

Port-de-Bouc
- **Hôtel Les Aiguades **** 1 rue Gabriel Péri, 44 €, 04 42 40 01 02, (à 0,5 km)
- **Hôtel B & B (non classé)** Port Renaissance, 60 €, 08 92 70 21 10
- **Camping Bottai (non classé)** av. F. Mistral, 7,70 €, 04 42 06 26 64 (à 1,5 km)
- **Camping Mérindole (non classé)** av. des Pins, 7,70 €, 04 42 06 26 89
- **Hôtel-restaurant de la Poste (proposé par le Cercle des Marcheurs)** 12 rue Gambetta, nuit 30 €, pension complète 40 €, 1/2 pension 35 €, animaux admis, 04 42 06 20 32

Ranquet (Istres)
- **Camping ** Félix la Bastide,** allée Plage d'Arthur (St-Mitre les Remparts), 20 €, 04 42 80 99 35 (à 2 km de Ranquet et à 5 km de Saint-Blaise)
- **Chambre d'hôte Petite Cigale d'or (sans label),** 36 chemin de la Digue (Istres) 60 €, 06 16 08 24 37

Istres (étang de l'Olivier)
- **Hôtel Le Peyreguet **** 25 bd Jean-Jacques Prat, 45 €, 04 42 55 04 52 (à 1,5 km)
- **Hôtel Le Castellan (non classé)** 15 rue Léon Blum
77 €, 04 42 55 13 09 (à 1 km)
- **Camping Le Vallon des Cigales **** 31 route de Saint Chamas, 20 €, 04 42 56 51 57 (à 0,5 km)
- **Chambre d'hôte Bastide La Gavotte (Fleur de soleil)** 26a chemin du Cros de la Carrière, 70 €, 04 42 56 57 46 (à 0,5 km)

Miramas : aucune offre d'hébergement.

Photo © FFRandonnée

Grans

• **Chambre d'hôte La Machotte provençale (Gîtes de France 2 épis)** chemin des Férigoules, 65 €, 04 90 55 87 98 (à 0,5 km)

Salon-de-Provence

• **Hôtel du Midi** ** 518 allées de Craponne, Salon de Provence, 53 €, 33 (04) 90 53 34 67
• **Hôtel d'Angleterre** ** 98 cours Carnot, 56 €, 33 (04) 90 56 01 10
• **Ciotel Vendôme** ** 34 rue Maréchal Joffre, 42 €, 33 (04) 90 56 01 96
• **Contact Le Select** ** 35 rue Suffren, 45 €, 33 (04) 90 56 07 17
• **Grand Hôtel de la Poste** ** 1 rue Des Frères Kennedy, 42 €, 33 (04) 90 56 01 94 (à 0,5 km)
• **Hôtel Régina** ** 245 rue des frères Kennedy, 37 €, 33 (04) 90 56 28 92 (à 0,5 km)
• **Auberge de jeunesse / Foyer de Jeunes Travailleurs**
89 bd Aristide Briand, 18 €, 33 (04) 90 56 09 65 (à 500 m)

Pélissanne

• **Chambre d'hôte La Ramade (sans label)**
44 allées de Craponne, 60 €, 33 (04) 90 55 34 40
• **Chambre d'hôte Alexandre Gîtes de France 3 épis** chemin de Salatier, 90 €, 33 (04) 90 55 33 51 (500 m)

Hors GR à Lançon-de-Provence (entre Pélissanne et La Fare)

• **Chambre d'hôte Mme Laurens (sans label)**
11 rue de la Tour, 80 €, 33 (06) 08 48 94 73 (à 3 km)

Velaux

• **Hôtel Relais de la Verdière (sans classement)**
Z.A. Verdière 1 - 1 rue Ampère, 54 €, 33 (04) 42 87 44 04 (à 3 km)
• **Comfort Hôtel Aeroport**** Z.I. de Couperigne - rue Pascal (Vitrolles) 72 €, 33 (04) 42 79 38 00 (à 3 km)
• **Formule 1*** Z.I. de Couperigne - Draille des Tribales (Vitrolles) 34 €, 33 (08) 91 70 53 02 (à 3 km)

Vitrolles (corniche : chemin de la Salvarenque)

• **Camping Marina Plage***** RD 113, 18 €, 33 (04) 42 89 31 46 (à 3 km)

BOUCLE DE L'ÉTOILE

Plan-de-Campagne

• **Formule 1** * Centre Commercial Barnéoud (Cabriès) 34 €, 33 (08) 91 70 52 98
• **Hôtel Première Classe** * 44 ch. de la Haute Bédoule (Septèmes les Vallons) 44 €, 33 (04) 91 96 17 23 (à 0,5 km)
• **Camping La Verdière** ** 4 ch. de la Haute Bédoule (Septèmes les Vallons) 33 (04) 91 65 59 98 (à 1 km)

Saint-Antoine

• **Hôtel Campanile Saint-Antoine** ***
329, av. St-Antoine, Marseille, 82 €, 33 (04) 91 96 08 29
• **Ibis Budget Estaque** ** 17 rue Dr-Zamenhof, Marseille, 49 €, 33 (08) 92 70 08 46 (à 2 km)

Vieux-Port

• **Les Gens de mer** ** 25-27 rue de Forbin, 54 €, 33 (04) 91 91 19 58 (à 0,5 km)
• **Hermès** ** 2 rue Bonneterie, 52 €, 33 (04) 96 11 63 63
• **Hôtel La Résidence** **** 18 quai du Port, 150 €, 33 (0)4 91 91 91 22
• **Europe Hôtel** ** 12 rue Beauvau, 65 €, 33 (04) 91 33 65 64 (à 0,5 km)
• **Hôtel du Sud** ** 18 rue Beauvau, 70 €, 33 (04) 91 54 38 50 (à 0,5 km)
• **Auberge de jeunesse Le Vertigo Vieux Port**
38 rue Fort-Notre Dame, 20 €, 33 (04) 91 54 42 95
• **Auberge de jeunesse Hello Marseille** 12 rue Breteuil 17 €, 33 (09) 54 80 75 05 (à 0,5 km)
• **Hôtel Mama Shelter** ** 64 rue de la Loubière, à partir de 70 €, 04 84 35 20 20 (à 1,5 km)

Marseille (rond-point de Mazargues)

• **Auberge de jeunesse Bonneveine** impasse du Docteur Bonfils, 22 €, 04 91 17 63 30 (à 0,5 km)

• **Chambre d'hôte La Palmeraie (Clevacances 4 clefs - Fleur de soleil)** 99 avenue des Goumiers, Marseille, 90 €, 04 91 25 10 05 (à 0,5 km)
• **Chambre d'hôte Villa Valflor (Fleur de soleil)** 13 bd Molinari, 79 €, 04 91 72 03 54 (à 0,7 km)
• **Hôtel Mistral **** 8 av. des Goumiers, Marseille, 57 €, 04 91 73 44 69 (à 0,7 km)
• **Hôtel Corbusier (dans la Cité radieuse)** 280 bd Michelet, Marseille, 70 €, 04 91 16 78 00 (à 1 km)
• **Hôtel Les Cigalons ** (Logis)** 42 rue Pierre Doize, Marseille, 67 €, 04 91 35 11 92 (à 0,1 km)
• **Auberge de jeunesse La Cigale et la Fourmi** Mazargues, rue Th. Boudier, 15 €, 04 91 400 512

variante Marseille terroir

Vallon Dol

• **Chambre d'hôte Campagne Saint-Jean-de-Matha** Florence Oddoze, 70 €, 127/133 chemin du Four de Buze, 06 72 77 82 60

Conseil Général - St Julien

• **Chambre d'hôte Mme Lescure (sans label)** 14 boulevard Joseph Piazza, Marseille, 80 €, 33 (09) 53 17 24 39 (à 0,5 km)
• **Chambre d'hôte Villa Marie-Jeanne (Fleur de soleil)** 4 rue Chicot, Marseille, 70 €, 04 91 85 51 31 (à 1,2 km)
• **Auberge de jeunesse Bois Luzy** allée des Primevères, Marseille, 14 €, 04 91 49 06 18
• **Hôtel Ibis Budget Timone **** 69 bd Sakakini, Marseille, 54 €, 08 92 68 04 83 (à 2,5 km)

Marseille La Valentine

• **Hôtel Ibis Budget la Valentine **** 149 traverse de la Martine, Marseille, 50 €, 08 92 70 75 83
• **Hôtel Première Classe (non classé)** traverse de la Montre, Marseille, 43 €, 08 92 70 72 67
• **Chambre d'hôte M. Tommasini (Fleur de soleil)** 45 traverse de la Buzine, Marseille, 70 €, 06 08 82 67 92 (à 2 km)

Aubagne (gare)

• **Hôtel Interhôtel Souleia ***** 4 cours Voltaire, Aubagne, 90 €, 04 42 18 64 40 (à 0,2 km)
• **Hôtel Interhôtel Relais d'Aubagne**** Centre commercial la Martelle, Aubagne, 70 €, 04 42 84 32 33 (à 1,5 km)
• **Chambre d'hôte Club des Pins (Gites de France 3 épis)** 855 chemin de la croix de Garlaban, 70 €, 04 42 03 71 98 (à 1,5 km)
• **Camping du Garlaban **** 1915 route de la Tuilière, 16 €, 04 42 82 19 95 (à 2 km)

Parc de Saint-Pons

• **Hôtel du Parc (non classé)** Vallée St Pons, 58 €, 04 42 32 20 38
• **Camping La Bergerie (non classé)** 100 chemin du Gravier, 18 €, 04 42 32 22 38
• **Chambre d'hôte La Masure (Clevacances 3 clefs)** 1375 ancien chemin de St-Jean, 80 €, 04 42 32 10 39
• **Chambre d'hôte Le Mas de Bertagne (Fleur de soleil)** chemin de Coupier, 70 €, 06 18 05 73 98 (à 0,8 km)

Plan d'Aups

• **Hôtel restaurant Lou Pèbre d'Aï ***** (Logis) Quartier Sainte-Madeleine, 60 €, 04 42 04 50 42
• **Hôtel Les Cèdres (pension et demi-pension)** av. de la Libération, 47 €, 04 42 04 50 03
• **Chambre d'hôtes et gîte de charme Le Jas en Provence** M. Michel Raday Allée du Jas, 70 €, 06 70 11 76 25 ou 06 85 12 65 74

Pont-de-Joux (entre Auriol et Roquevaire)

• **Hôtel Le Commerce ** (Logis)** 1 rue Ravel Thimothée (Auriol) 75 €, 04 42 04 70 25
• **Chambre d'hôte Le Colombier (Gîtes de France 3 épis)** Quartier Le Clos (Roquevaire) 55 €, 04 42 04 12 94 (à 2 km)
• **Chambre d'hôte Bastide St-Nabor (Fleur de soleil)** 4 av. Clemenceau (Roquevaire) 80 €, 04 42 04 03 66 (à 2 km)

Entre Pichauris et Valdonne

• **Chambre d'hôte Nuit Sud (non classé)** 56 chemin de Font de Branque (Peypin) 60 €, 04 42 82 87 80 (à 2,5 km)
• **Hôtel Côte Sud **** 279 av. de la Malvesine (La Bouilladisse) 52 €, 04 42 62 34 50 (à 3 km)

Valdonne

• **Hôtel La Fenière ** (Logis)** 8 rue Jean Pourchier (La Bouilladisse) 60 €, 04 42 72 38 38 (à 2,5 km)

Entre Valdonne et Mimet

• **Gîte d'étape La Provence à cheval (Gîtes de France)** 5 chemin des Ecureuils (Cadolive) 50 €, 04 42 04 66 76

Mimet

• **Hôtel Le Grand Puech (Logis)** 8 rue St-Sébastien, 45 €, 04 42 58 91 06
• **Chambre d'hôte Le Laou (Clevacances 3 clefs)** 138 route de Gardanne, 65 €, 04 42 68 40 04
• **Chambre d'hôte La Bartavelle (Gîtes de France 3 épis)** 348 ch. des Amandiers, 65 €, 04 42 58 85 90 (à 1 km)

Gardanne

• **Chambre d'hôte La Féraude (Clevacances 3 clefs)** ch. du Moulin du Fort, 125 €, 04 42 51 44 42 (à 0,5 km)
• **Hôtel de Nice (sans classement)** 43 avenue de Nice, 34 €, 04 42 58 33 09 (à 0,2 km)

Meyreuil

• **Chambre d'hôte Le Mas du Grivodon (Fleur de soleil)** 893 ch. de la Plaine du Montaiguet, 80 €, 04 42 50 39 53 (à 0,8 km)
• **Chambre d'hôte Domaine de Valbrillant (Clevacances 3 clefs)** route de Valbrillant, 95 €, 06 87 28 39 46 (à 1,2 km)

Entre Meyreuil et barrage Zola

• **Hôtel Formule 1 * Lieu dit Le Canet** (Meyreuil) 33 €, 08 91 70 51 55 (à 1,2 km)
• **Hôtel Mas de la Betrande **** 487 ch. de la Plaine (Beaurecueil) 76 €, 04 42 66 75 75 (à 0,5 km)
• **Camping Sainte Victoire **** Quartier le Paradou (Beaurecueil) 14,30 €, 04 42 66 91 31

Gare routière Aix-en-Provence

• **Hôtel Le Quatre Dauphins **** 54 Rue Roux Alpheran, 65 €, 04 42 38 16 39 (à 0,2 km)
• **Hôtel Cardinale **** 24 rue Cardinale, 75 €, 04 42 38 32 30 (à 0,2 km)
• **Hôtel Vendôme **** 10 cours Des Minimes, 68 €, 04 42 64 45 01 (à 0,5 km)
• **Hôtel Concorde 2 *** 68 boulevard du Roi René, 54 €, 04 42 26 03 95 (à 0,3 km)
• **Hôtel Paul *** 10 av. Pasteur, 48 €, 04 42 23 23 89 (à 0,3 km)
• **Chambre d'hôte Le Jardin de Marie (Clevacances 3 clefs)** 47 rue Roux Alphéran, 70 €, 06 15 93 65 39 (à 0,2 km)
• **Chambre d'hôte Le Petit Nid de Sophie (Clevacances 3 clefs)** 2 rue Van Loo, 80 €, 04 42 50 31 73 (à 0,4 km)
• **Chambre d'hôte La Campagne (Fleur de soleil)** 34 av. du Pigonnet, 90 €, 04 42 61 76 40 (à 0,7 km)
• **Hôtel Le Pigonnet ******* 170 € à 350 € selon saison, 5 av. du Pigonnet 04 42 59 02 90 (à 0,5 km)
• **Camping Arc en ciel ***** 50 av. Malacrida, 20 €, 04 42 61 76 40 (à 2,5 km)
• **Auberge de jeunesse** 3 av. Pagnol, 20 €, 04 42 20 15 99 (à 100 m)

Les Milles - Europole de l'Arbois

• **Hôtel-restaurant Le Mas des Ecureuils ***** 1170 petite route des Milles, 100 €, 04 42 24 40 48
• **Chambre d'hôte La Gracette (Clevacances 3 clefs)** 830 route de Lenfant, 82 €, 06 67 05 69 94 (à 1,5 km)
• **Hôtel Ibis Budget Les Milles **** 10 rue du Lieutenant Parayre, 50 €, 08 92 70 02 68 (à 0,5 km)
• **Hôtel Arquier (Logis)** 2980 route du petit Moulin, 73 €, 04 42 24 20 45 (à 1,5 km)

En été, les espaces forestiers sont plus exposés aux risques d'incendie.
Aussi, pour protéger les promeneurs et les sites, l'accès aux massifs est règlementé par arrêté préfectoral du 1er juin au 30 septembre et peut l'être par arrêté municipal.
Il est parfois restreint ou fermé, en fonction des conditions météo.

Informez-vous avant de suivre vos « envies de balade » :
• appelez le 0811 20 13 13
• consultez l'application MyProvence Balade
• allez sur le site www.bouches-du-rhone.gouv.fr

Tableau des ressources

Hôtel, chambre d'hôte ou gîte d'étape — Camping — Ravitaillement — Restaurant — Train — Bus

km	LOCALITÉS / RESSOURCES	Page	Hôtel, chambre d'hôte ou gîte d'étape	Camping	Ravitaillement	Restaurant	Train	Bus
-	AIX-TGV	33	•			•	•	•
8	VITROLLES (ROND-POINT DE FONTBLANCHE)	35	•		•	•		•
7,5	PAS-DES-LANCIERS	37	•		•	•	•	
7	MARIGNANE	37	•	•	•	•		•
10,5	CHATEAUNEUF-LES-MARTIGUES	39	•		•	•		•
13,5	MARTIGUES	43	•	•	•	•		•
7,5	MAS DE POUANE (GARE DE CROIX-STE)	45			•	•	•	
3,5	PORT-DE-BOUC	49	•	•	•	•	•	•
6	LA MÉRINDOLE	51					•	
12	RANQUET	53	•	•		•		•
5	ISTRES	57	•	•	•	•	•	

■	Localité sur le parcours du GR®
	Localité **hors GR®**

Hôtel, chambre d'hôte ou gîte d'étape — Camping — Ravitaillement — Restaurant — Train — Bus

km	RESSOURCES ▶ / ▼ LOCALITÉS	Page	Hôtel, chambre d'hôte ou gîte d'étape	Camping	Ravitaillement	Restaurant	Train	Bus
10	MIRAMAS	59			•	•	•	•
9	GRANS	61	•		•	•		•
6	SALON-DE-PROVENCE	65	•		•	•	•	
7	PÉLISSANNE	65	•		•	•		•
8	LANÇON-DE-PROVENCE	-	•		•	•		•
12	LA FARE-LES-OLIVIERS	69			•	•		•
10	VELAUX	73	•		•	•		•
8	ROGNAC, BERRE	-	•		•	•	•	•
12	VITROLLES (CORNICHE)	73	•	•	•	•		•
9	AIX-TGV	97	•			•	•	•
14	CABRIÈS	-	•		•	•		•
18	PLAN-DE-CAMPAGNE	99	•	•	•	•		•
7	LES PENNES-MIRABEAU	-	•		•	•		•
9	MARSEILLE SAINT-ANTOINE	103	•		•	•	•	•
5	MARSEILLE SAINT-LOUIS	105	•					•
9	MARSEILLE CENTRE	111	•	•	•	•	•	•
9,5	MARSEILLE MAZARGUES	113	•		•	•		•
	variante Marseille terroir							
6	MARSEILLE VALLON DOL	121	•					
8	MARSEILLE SAINT-JUST	125	•		•	•		•
4	MARSEILLE SAINT-JULIEN	125	•		•	•		•
6	MARSEILLE SAINT-MARCEL / LA VALENTINE	129	•		•	•		•
21	AUBAGNE	135	•	•	•	•	•	•
10,5	SAINT-PONS	137	•	•		•		•
9,5	PLAN D'AUPS	141	•		•	•		•
12,5	AURIOL (PONT-DE-JOUX)	143	•		•	•		•
2	ROQUEVAIRE	-	•		•	•		•
12,5	PICHAURIS	145						
6,5	VALDONNE	147						
5	SAINT-SAVOURNIN	147			•			•
3,5	MIMET	149	•		•	•		•
8,5	GARDANNE	153	•		•	•	•	•
9	MEYREUIL	155	•		•	•		•
7,5	BARRAGE ZOLA (BEAURECUEIL)	155		•				•
8	AIX-EN-PROVENCE	159	•	•	•	•	•	•
8	LES MILLES	161	•		•	•		•
15	AIX-TGV	163	•			•	•	•

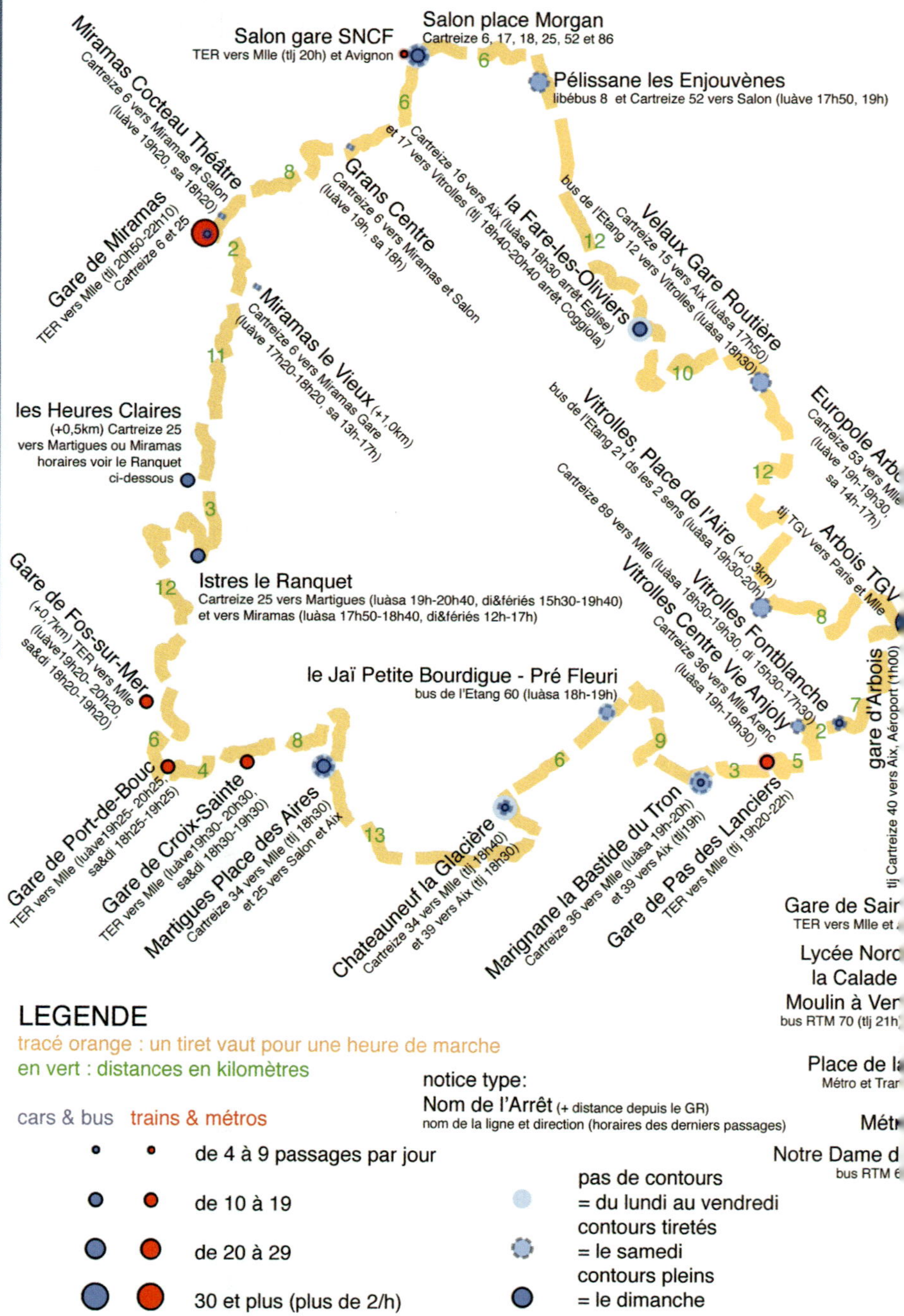
Salon place Morgan
Cartreize 6, 17, 18, 25, 52 et 86
Salon gare SNCF
TER vers Mlle (tlj 20h) et Avignon
Pélissane les Enjouvènes
libébus 8 et Cartreize 52 vers Salon (luàve 17h50, 19h)
Miramas Cocteau Théâtre
Cartreize 6 vers Miramas et Salon
(luàve 19h20, sa 18h20)
Gare de Miramas
TER vers Mlle (tlj 20h50-22h10)
Cartreize 6 et 25
Grans Centre
Cartreize 6 vers Miramas et Salon
(luàve 19h, sa 18h)
la Fare-les-Oliviers
Cartreize 16 vers Aix (luàsa 18h30 arrêt Eglise)
et 17 vers Vitrolles (tlj 18h40-20h40 arrêt Coggiola)
Velaux Gare Routière
bus de l'Etang 12 vers Vitrolles (luàsa 18h30)
Cartreize 15 vers Aix (luàsa 17h50)
Miramas le Vieux (+1,0km)
Cartreize 6 vers Miramas Gare
(luàve 17h20-18h20, sa 13h-17h)
les Heures Claires
(+0,5km) Cartreize 25
vers Martigues ou Miramas
horaires voir le Ranquet
ci-dessous
Europole Arb
Cartreize 53 vers Mlle
(luàve 19h-19h30,
sa 14h-17h)
Vitrolles, Place de l'Aire (+0,3km)
bus de l'Etang 21 ds les 2 sens (luàsa 19h30-20h)
Arbois TGV
tlj TGV vers Paris et Mlle
Istres le Ranquet
Cartreize 25 vers Martigues (luàsa 19h-20h40, di&fériés 15h30-19h40)
et vers Miramas (luàsa 17h50-18h40, di&fériés 12h-17h)
Gare de Fos-sur-Mer
(+0,7km) TER vers Mlle
(luàve19h20- 20h20,
sa&di 18h20-19h20)
Vitrolles Fontblanche
Cartreize 89 vers Mlle (luàsa 18h30-19h30, di 15h30-17h30)
Vitrolles Centre Vie Anjoly
Cartreize 36 vers Mlle Arenc
(luàsa 19h-19h30)
le Jaï Petite Bourdigue - Pré Fleuri
bus de l'Etang 60 (luàsa 18h-19h)
gare d'Arbois
tlj Cartreize 40 vers Aix, Aéroport (1h00)
Gare de Port-de-Bouc
TER vers Mlle (luàve19h25- 20h25,
sa&di 18h25-19h25)
Gare de Croix-Sainte
TER vers Mlle (luàve19h30- 20h30,
sa&di 18h30-19h30)
Martigues Place des Aires
Cartreize 34 vers Mlle (tlj 18h30)
et 25 vers Salon et Aix
Chateauneuf la Glacière
Cartreize 34 vers Mlle (tlj 18h40)
et 39 vers Aix (tlj 18h30)
Marignane la Bastide du Tron
Cartreize 36 vers Mlle (luàsa 19h-20h)
et 39 vers Aix (tlj19h)
Gare de Pas des Lanciers
TER vers Mlle (tlj 19h20-22h)
6
6
8
2
11
3
12
6
4
8
13
6
9
3
5
2
7
8
12
10
12
Gare de Sair
TER vers Mlle et
Lycée Nord
la Calade
Moulin à Ver
bus RTM 70 (tlj 21h
Place de l
Métro et Tra
Métr
Notre Dame d
bus RTM
LEGENDE
tracé orange : un tiret vaut pour une heure de marche
en vert : distances en kilomètres
notice type:
Nom de l'Arrêt (+ distance depuis le GR)
nom de la ligne et direction (horaires des derniers passages)
cars & bus
trains & métros
de 4 à 9 passages par jour
de 10 à 19
de 20 à 29
30 et plus (plus de 2/h)
pas de contours
= du lundi au vendredi
contours tiretés
= le samedi
contours pleins
= le dimanche

Transports en commun

Trains, cars et bus le long du GR®2013

Une collection de points d'arrêt de Nicolas Mémain permettant de rentrer à Aix, à Marseille et ailleurs, avec au plus une correspondance.
Informations données à titre indicatif à la date de janvier 2013
Horaires actualisés sur www.lepilote.com

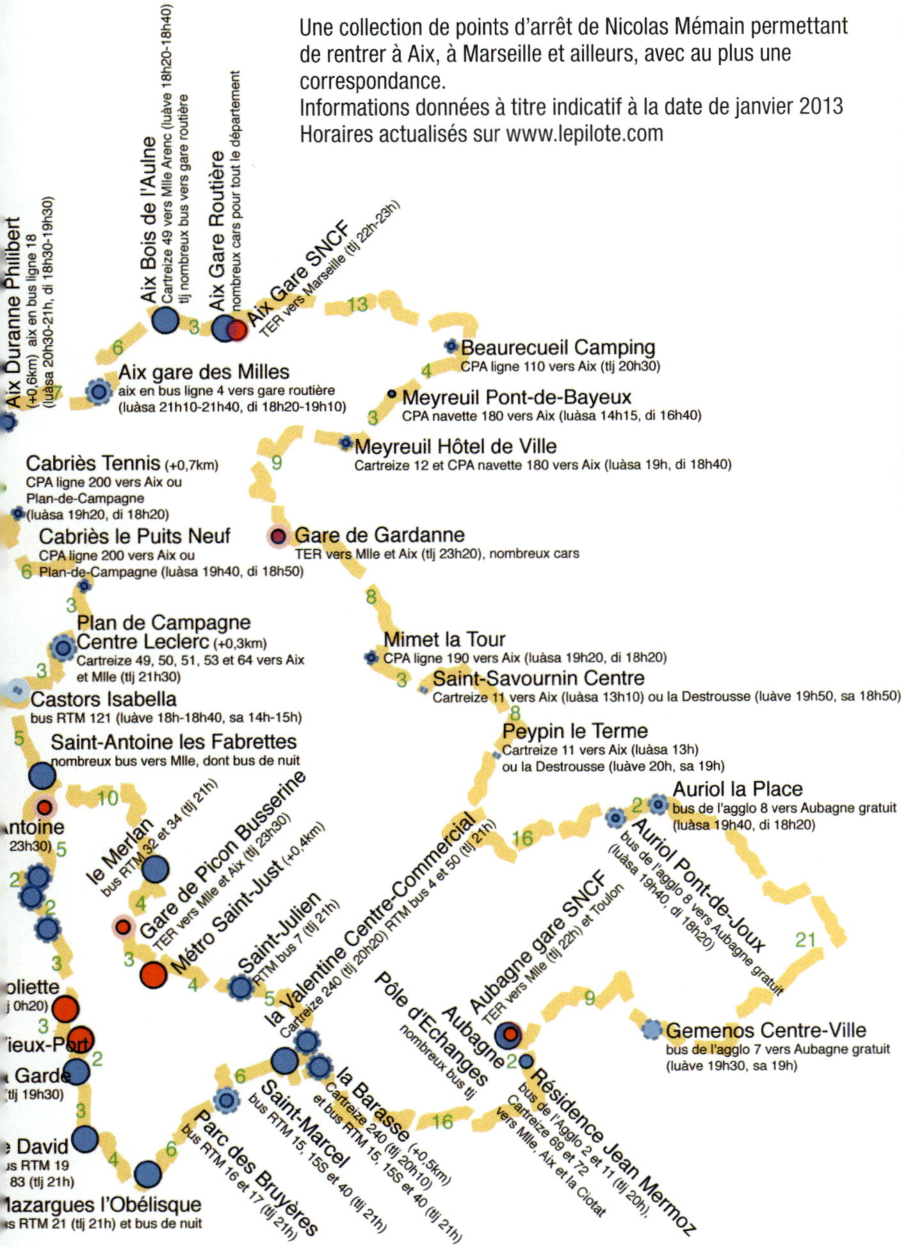

D'Agachon à Zébra

Un lexique pour parler le provençopolitain* sans peine

AGACHON : Terme occitan (*agácho*) figurant également dans les dictionnaires français et signifiant littéralement aguet. Du bas-latin *gachare* : faire le guet. Un agachon est un poste de chasse d'affût (terrestre ou sous-marin). Désigne aussi la technique permettant de faire venir la proie à soi, en jouant sur la curiosité du gibier ou du poisson (on dit pêcher ou chasser "à l'agachon").

ALUMINE : L'alumine (ou oxyde d'aluminium), de formule chimique Al_2O_3, est un composé chimique qui existe à l'état naturel dans la bauxite (découverte par le chimiste Pierre Berthier en 1821 près du village des Baux-de-Provence). L'extraction de l'alumine de la bauxite est réalisée suivant un procédé chimique appelé procédé Bayer inventé par l'Autrichien Karl Josef Bayer en 1887. La bauxite y est attaquée par la soude* à haute température et sous pression. La première usine à exploiter ce procédé est l'usine de Gardanne en 1894. Cette usine produit toujours à ce jour des alumines hydratées et calcinées suivant ce procédé. Voir Boues rouges*. (Voir p. 132-133.)

ARC : Ce petit fleuve* provençal est le plus grand cours d'eau de la métropole marseillaise.

AUTOROUTE : Une autoroute est une route réservée à la circulation des véhicules motorisés rapides comportant deux chaussées à sens unique séparées par un terre-plein central, ce qui rend très improbables les chocs frontaux. L'autoroute constitue un monde clos au sens propre. Le GR®2013 traverse les autoroutes A7, A8, A5, A55, A50, A52, en 18 points (passages souterrains ou ponts).

BANCAOU (terrasses de culture) : Elles marquent le monde d'avant, l'économie de la pierre et du filet d'eau, c'est l'agriculture prémoderne, le monument vernaculaire par excellence, le territoire jardiné à dos d'homme. Le randonneur est ému par les bancaous.

BASTIDE : Tout à fait comme son équivalent populaire, le cabanon, la bastide permet aux familles marseillaises de vivre en ville à la campagne.

BENJAMIN (WALTER) : Sa nouvelle "Haschisch à Marseille" dans le recueil *Rastelli raconte*, montre qu'on peut écrire court et bien sur Marseille.

BÉTON : Le béton est un matériau de construction composite fabriqué à partir de granulats naturels (sable, gravillons) ou artificiels (granulats légers) agglomérés par un liant. Le liant peut être qualifié d'"hydrique", lorsque sa prise se fait par hydratation. Ce liant est appelé couramment "ciment" ; on obtient dans ce cas un "béton de ciment", l'un des plus fréquemment utilisés. La production mondiale de béton est en moyenne d'un mètre cube par habitant. (Cf. p. 76-77.)

BIAOU : (occitan) rivière, torrent.

BIFFIN : (familier) chiffonnier. Métier qui consiste à passer dans les villes et villages pour récupérer ou racheter des choses usagées et les revendre à des entreprises de transformation. Ce métier a été exercé en France jusque dans les années 1960. Le chiffonnier collectait les vieux chiffons pour les papeteries, les peaux de lapin pour les industrie de fourrure ou pour faire la colle de peau (ébénisterie), les os pour la fabrication de colle, la ferraille pour la métallurgie, les boîtes de conserve pour l'industrie du jouet, le verre, le papier pour la cartonnerie.

BOUES ROUGES : Principal déchet produit lors la fabrication d'alumine* et d'aluminium par le procédé Bayer, qui est très consommateur en eau et énergie et produit une grande quantité de déchets sous forme de boues rouges. Il est utilisé depuis plusieurs décennies par presque toute l'industrie aluminière. Ce procédé permet de traiter la bauxite pour en extraire une part significative de l'alumine qu'elle contient. Ces boues sont ou non prétraitées (en général à l'acide, pour les rendre moins basiques), puis généralement stockées dans de vastes bassins (d'une superficie de plusieurs dizaines à plusieurs centaines d'hectares), où elles perdent leur eau par évaporation. Certaines usines, comme celle de Gardanne, dans le sud de la France, en rejettent encore une partie en mer (jusqu'en 2015). Voir Alumine*.

BOURDIGUE : (du provençal *bordigo*) Enceinte en clayonnages qui, au bord de la mer, sert à prendre ou garder du poisson. Elles sont nombreuses à Martigues. Voir Poutargue*.

CADASTRE : Il faut se le procurer avant de créer un chemin de grande randonnée.

CADIÈRE (RUISSEAU DE LA) : une des rivières de la métropole, qui se jette dans la mer de Berre (Bolmon). Longueur 11,9 km. Source à 99 m qui s'appelle l'Infernet. Crues décennales. Passe sous l'A7. (Voir Fleuve*.) La Cadière est l'un des beaux moments du GR®2013.

CANAL : EDF (années 1960) et de Provence (années 1960) ; de Marseille (années 1840) et de Craponne* (16e s.). Sans eux, Marseille-Provence ne serait pas ce qu'elle est.

CARTE POSTALE : Elle fut, dit-on, inventée à Marseille, par le président de la Société des Excursionnistes marseillais, un *self-made man* moustachu, M. Piazza.

CARTREIZE : Réseau de transport des Bouches-du-Rhône. Avec 38 lignes régulières, dont une dizaine de navettes par autoroutes, Cartreize déclare

9 millions de passagers par an. Cf. p. 190.

CASTOR : Les Castors sont un mouvement d'autoconstruction coopérative né en France après la Seconde Guerre mondiale. Il compte aujourd'hui près de 50 000 adhérents dans le pays. Le mouvement est apparenté aux expériences des cottages sociaux de l'entre-deux-guerres, qui fonctionnaient suivant un principe similaire. Entre 1921 et la Seconde Guerre mondiale, sous l'impulsion initiale de l'ingénieur Georgia Knapp et favorisés par la loi Loucheur de 1928, 22 groupes de la région lyonnaise ont ainsi construit plus de mille maisons.

CAUE : Conseil en architecture, urbanisme, environnement. Chaque département en a un. Celui des Bouches-du-Rhône est un ami du GR®2013.

CELTIQUE MÉDITERRANÉENNE (LA) : Pour en finir avec l'opposition Nord-Sud. Les Celtes sont des nouveaux venus d'il y a environ 2 800 ans dans l'immense sédimentation des peuples. Leur rapport au territoire semble indiquer, ici comme ailleurs, qu'ils aient tenu le centralisme en horreur. Voir Oppidum*.

CERCLE : Surface plane limitée par une ligne courbe fermée constituée des points situés à égale distance d'un point nommé centre. Il existe une infinité de cercles possibles pour un centre quelconque. Par extension, société, assemblée d'hommes et de femmes réunis pour le plaisir de la conversation.

COMMERCE (CHAMBRE DE) : La Chambre de commerce et d'industrie Marseille-Provence (CCIMP) est l'une des 2 CCI du département des Bouches-du-Rhône (l'autre est celle du Pays d'Arles). Son siège est à Marseille au Palais de la Bourse. Elle gère l'aéroport d'Aix Les Milles et l'aéroport de Marseille-Provence, et plusieurs centres de formation, comme Euromed Marseille École de Management. Créée le 5 août 1599 par le roi Henri IV, elle fut la première chambre de commerce au monde.

CRAPONNE (ADAM DE) : Né à Salon-de-Provence en 1526 et mort empoisonné à Nantes en 1576, Adam de Craponne est un gentilhomme provençal et ingénieur français qui a créé le premier grand système de canaux qui porte son nom.

CUESTA (de l'espagnol “côte”) : Relief allongée et asymétrique, formé d'un côté d'une pente abrupte type falaise ou pente raide (front), et de l'autre d'un plateau doucement incliné (revers). Les cuestas se trouvent en bordure de bassins sédimentaires. Celle des Pennes-Mirabeau offre une belle continuité sauvage d'une dizaine de kilomètres au milieu de la plaine urbaine de Marignane-Vitrolles-Saint-Victoret.

DÉPRESSION : Économique, elle affecte Marseille depuis un demi-siècle.

DEUX-MIL-TREIZE : l'année où Marseille-Provence* fut la capitale européenne de la culture, une étape dans la construction de la métropole*.

ÉCOQUARTIERS : Dans les friches et au bord des villes, ils fleurissent. Voir Kaufman & Broad*.

ÉTANG : Étendue d'eau stagnante, peu profonde, de surface assez réduite (jusqu'à quelques dizaines d'hectares). Un volume d'eau salée de 155 km^2, alimenté par 4 petits fleuves, connecté à la Méditerranée, n'est pas un étang, mais une mer intérieure.

EPAREB (établissement public d'aménagement des rives de l'étang de Berre) : Durant 30 ans, l'EPAREB a piloté la réalisation d'équipements publics et le développement de parcs d'activités de grande envergure. Figure à son actif la construction des zones d'aménagement concerté (ZAC) de la Frescoule et du Liourat à Vitrolles (1500 logements) ou de la Romaniquette à Istres (700 logements).

EPCI (établissement public de coopération intercommunale) : agglo, interco, communauté de communes…

EUROCOPTER : le premier fabricant d'hélicoptères civils du monde, installé sur la commune de Marignane.

EXCURS (abr. pour “Excursionnistes marseillais”) : On le devient en prenant sa carte, et c'est possible depuis 1897. Fondée par l'éditeur Paul Ruat, son président a longtemps été Piazza, l'“inventeur de la carte postale photographique”. 11 000 adhérents en 1914. Le plus ancien et le grand club local de randonnée de France.

FÉLIBRE : Membre du Félibrige, mouvement poétique occitan fondé en 1854 par 7 poètes dont Frédéric Mistral. Si les Félibres n'étaient pas forcément des Excurs*, en revanche les Excurs étaient souvent des Félibres. L'amour du pays, de la langue, était ainsi compatible avec l'amour des sciences, des techniques et du sport.

FILLOD (HANGAR) : Élaborés par la Manufacture de tôlerie Ferdinand Fillod (1891-1956), les hangars Fillod font partie des nombreux bâtiments métalliques préfabriqués réalisés par cette société, surtout dans les années 1930 et 1940, pour le monde entier : casernes (baraquements militaires), écoles, hôpitaux, réfectoires, baraques de chantiers, cités ouvrières et villas (maisons métalliques) ainsi qu'une église.

FLEUVE : la métropole est encadrée par deux fleuves. Au nord, la Durance, qui a cessé d'en être un il y a douze mille ans, mais qui nous laisse la Crau, témoin de son delta. À l'ouest, un bras du Rhône, qu'il a long. Par ailleurs, quelques rivières prétendent au titre fluvial : l'Arc, l'Huveaune, la Touloubre. Voir Rivière*.

GARRIGUE : Lorsque la chaleur est trop forte, la garrigue hiberne, ce qui fait que pour elle, l'été, c'est l'hiver. Pour les randonneurs du GR®2013 aussi, à qui on conseille de se promener de septembre à juin.

GPMM : Le GPMM (Grand port martitime de Marseille-Fos) est l'un des 50 premiers ports du monde (36e en 2007).

JAÏ : Au Sud de la mer de Berre, à 100 m de l'aéroport Marseille-Provence, le Jaï est un cordon dunaire de 7 km de long, à cheval sur la commune de Marignane et de Châteauneuf-les-Martigues. Au confluent des arrivées d'eau douce de la Cadière (Sud) et de l'Arc (Nord), le Jaï a été formé par les débris de coquillages, "espèces ingénieurs".

KAUFMAN & BROAD : Cet acteur essentiel de la ville contemporaine est un développeur-constructeur français. Fondé en 1957 à Détroit (États-Unis), le groupe s'implante en France en 1968. Selon ses déclarations, le groupe a construit depuis près de 40 ans près de 70 000 appartements et maisons individuelles en village, et plus de 480 00 m² de bureaux pour le compte de tiers. La société a été la première de son secteur à s'introduire au Premier Marché de la Bourse de Paris en 2000.

LOI : Exactement comme les textes sacrés, elle demande à être interprétée.

MANON : la fille du bossu, la bergère du Garlaban, se baigne nue dans les ruisseaux. Selon l'Office du tourisme d'Aubagne, dans le Garlaban, "Manon n'y est plus, mais la colline n'a pas changé" (2011).

MARSEILLE-PROVENCE : Marseille-Provence est un mot composé qui agrège le nom d'une ville et celui d'une région pour désigner une réalité territoriale encore inconnue. On trouve l'expression Marseille-Provence dans le nom de plusieurs institutions, comme : la chambre de commerce et d'industrie Marseille-Provence (CCIMP), l'aéroport Marseille-Provence (autrefois nommé aéroport de Marignane), la communauté urbaine Marseille-Provence métropole (une des 9 EPCI des Bouches-du-Rhône), la gare de Vitrolles-Aéroport-Marseille-Provence (VAMP), le nom de l'association qui organise la capitale européenne de la culture 2013 (présidée par M. Pfister, président de la CCIMP), le nom du projet de métropole dont a été chargé le préfet hors cadre Laurent Théry le 19 septembre 2012. Voir Métropole*.

MÉTROPOLE : (du bas latin *metropolis* « capitale d'une province » lui-même du grec *mêtropolis* « ville mère »), ville principale d'une région ou d'un pays, qui, à la tête d'une aire urbaine importante, exerce des fonctions organisationnelles sur l'ensemble de la région qu'elle domine. On peut parcourir une métropole en véhicule à moteur (voir Autoroute*), mais également à pied.

MONUMENT (du latin *monumentum*, de *moneo* "se remémorer") : À l'origine, sculpture ou ouvrage architectural permettant de rappeler un événement ou une personne, d'où sa signification première de "tombeau". Par analogie, objet qui atteste l'existence, la réalité de quelque chose et qui peut servir de témoignage Parmi les monuments du GR®2013, on compte le dépôt de boues rouges de Vitrolles, la raffinerie de la Mède, le Jaï, la cheminée de l'usine de Gardanne, le paysage des serres de Berre, le village expos de Plan-de-Campagne, la cité Consolat à Marseille…

MONTRICHER (FRANZ MAYOR DE) : Né en 1810 en Suisse et décédé à Naples en 1858), ce polytechnicien, ingénieur des Ponts et Chaussées, travaille sur le projet du canal de Marseille, dont il dirige les travaux de constructions de 1838 à 1848, incluant la construction du pont-aqueduc de Roquefavour. Il s'oppose en 1842 au tracé de la voie de chemin de fer entre Avignon et Marseille (proposé par Talabot et Didion) et défend le projet passant par la vallée de la Durance. Cf. PLM*.

MOURE : (occ. *morrau)* Monticule arrondi. Ex. le moure de Saint-Étienne à Istres (qui n'est pas un site d'oppidum*.)

MUGE (OU MULET) : Plusieurs espèces de poisson essentiellement dans la famille des Mugilidae. Surnom dépréciatif donné aux habitants de Fos, pour qualifier ceux d'Istres; et inversement. Cf. Poutargue*.

NATURA 2000 : Natura 2000 est un réseau européen de trame écologique continentale, institué en 1992, portant sur la conservation des habitats naturels de la faune et de la flore sauvages (plus connue comme directive habitats) du 21 mai 1992. Encore en cours de constitution, il doit permettre de réaliser les objectifs fixés par la Convention sur la diversité biologique, adoptée lors du Sommet de la Terre de Rio de Janeiro en 1992 et ratifiée par la France en 1996. Les Bouches-du-Rhône comptent 30 sites classés Natura 2000.

OPPIDUM (PL. OPPIDA) : habitat aggloméré perché fortifié. En d'autres termes, une ville perchée. Tournez le dos à la mer et cherchez les habitants d'avant les Grecs et les Romains. (Voir Celtique méditerranéenne*).

OREAM (Organismes régionaux d'étude et d'aménagement d'aire métropolitaine) : Institutions françaises mises en places en 1967 dans le cadre de la politique des métropoles* d'équilibre à Lille-Roubaix-Tourcoing, Marseille, Lyon, Nancy-Metz et Nantes-Saint-Nazaire. Dissoutes en 1983, leur fonction était d'établir des schémas de développement de l'espace métropolitain.

PARADIS : La cité du Plan d'Aou à Marseille, selon Jean-Luc Brisson. "En plein ciel, j'avais l'impression d'être au Paradis. Je n'osais pas trop le dire, et puis je me suis rendu compte que certains habitants le disaient eux-mêmes." (*Le Paradis*, 2010)

PDIPR: Le Plan départemental des itinéraires de promenade et de randonnée crée et entretient, dans chaque département français, des itinéraires ouverts à la randonnée pédestre, et éventuellement équestre. Il revient à chaque Conseil général d'établir un PDIPR. Cette compétence est définie dans la loi de décentralisation dite loi Defferre du 22 juillet 1983.

PLM : Longue de 863 km, la ligne de chemin de fer de Paris-Lyon à Marseille-Saint-Charles relie les trois premières agglomérations urbaines françaises. Elle fut aussi appelée “artère impériale” parce qu'elle fut empruntée par Napoléon III en 1852. La gare Saint-Charles est inaugurée en 1848. Exploitée depuis 1857 par la Compagnie des chemins de fer de Paris à Lyon et à la Méditerranée (le PLM), puis après 1938 par la SNCF, la ligne PLM est historiquement l'artère maîtresse du réseau ferroviaire français. En 1830, la Chambre de commerce de Marseille était opposée au projet, au motif que cela ruinerait les relais de poste (une économie de paille et de cheval). Comme nombre de ses contemporains, Stendhal n'est pas non plus favorable à cette innovation (cf. *Mémoires d'un touriste*, 1832). Le président du Conseil général de Saône-et-Loire en revanche, le poète Lamartine, soutint lors d'un discours le tracé d'une ligne entre Paris et Marseille.

POUTARGUE : Spécialité culinaire méditerranéenne (Italie, France, pays du Maghreb, Espagne, Grèce). Il s'agit d'une poche d'œufs de mulet (ou muge*) salée et séchée, recueillie quand les femelles sont pleines. La poutargue se consomme en fines tranches, râpée dans un plat de pâtes, ou sur des toasts. Voir Bourdigue*.

PORCHERIE : Bâtiment ou ensemble de bâtiments conçus et adaptés pour l'élevage de porcs. On en croise plusieurs au long du GR®2013.

PROVENÇOPOLITAIN : néologisme forgé par Nicolas Mémain, érudit marseillais inventeur de la forme en 8 du GR®2013. Voir aussi Marseile-Provence* et métropole*.

RIVIÈRE : La métropole* marseillaise ne compte pas de grand fleuve hors du Rhône excentré, mais en revanche plusieurs rivières d'ambition fluviale comme l'Arc, la Touloubre, l'Huveaune. On peut s'attacher à certaines autres, encore plus petites, comme les Aygalades ou la Cadière. Voir fleuve*.

RFF (Réseau ferré de France) : Important propriétaire foncier public qui gère le réseau ferroviaire français. RFF possède par exemple entre Aubagne et Valdonne l'emprise d'une voie ferrée abandonnée depuis 1964, qui offre 15 km de cheminement buissonnier entre la colline, la plaine, l'autoroute (cf. p. 145). En 2011, 500 personnes y ont marché, pour demander à ce qu'elle devienne une vois piétonne. Le GR®2013 n'a pas été autorisé à y passer. Bientôt, elle sera reconvertie en tramway.

SANGLIER : Nombreux dans les massifs de la métropole, ces cochons sauvages débarquent parfois en ville. *La Provence* rapporte (2012) des attaques de prostituées par des sangliers boulevard Michelet à Marseille.

SAVON : Produit élaboré à Marseille depuis le 12e siècle, selon une recette chipée à Alep lors des Croisades. Sans le savon, l'aspect du paysage et la forme du territoire eussent été différents. Voir Soude*.

SCHUHL (PONT) : Ponts réalisés par André Schuhl, ingénieur des années 1950, pionnier de la construction des autoroutes urbaines. Lire *Les Ponts Schuhl*, de Thierry Durousseau et Valérie Jouve, CAUE, 1993.

SNCASE: Société nationale des constructions aéronautiques du Sud-Est.

SOUDE: Pour faire du savon*, il faut de la soude. Et le procédé Leblanc (1789) permettant de faire de la soude chimique, aime le sel, d'où l'installation des premières usines de soude près de la mer de Berre. Procédé extrêmement polluant. (Voir ouvrages de X. Daumalin.) Voir Solvay*.

SOLVAY: Industriel philantrope belge, qui inventa un nouveau procédéde fabrication de la soude, et construisit un empire industriel mondial à partir de la fin du 19e s. On lui doit les usines et logements de Salin-de-Giraud (lire *Une cité industrielle en Camargue*, par Thierry Durousseau, Parenthèses, 2012) et la carrière de Port-Miou, qui provoqué l'ire historique des Excurs en 1910 (voir Excurs*).

TERRADOU : (occitan) terroir.

VAPOCRAQUAGE : Procédé pétrochimique qui consiste à obtenir, à partir d'une coupe pétrolière ou d'alcanes légers, des alcènes (éthylène, propylène) mieux valorisés. Ces alcènes sont principalement à la base de l'industrie des matières plastiques (polyéthylène, polypropylène, etc.).

ZONE : Poème (de Guillaume Apollinaire) où les ponts sont comparés à des moutons ; et la religion, aux hangars de Port-Aviation.

ZI (Zone industrielle): Zones généralement situées près des accès autoroutiers et dans le voisinage d'autres infrastructures de transport, notamment aéroport, port, voie ferrée.

ZAC (Zone d'aménagement concertée) : Une ZAC est une procédure d'aménagement du droit français de l'urbanisme (1967) pour se substituer aux ZUP*, et modifiée à de nombreuses reprises depuis.

ZUP (Zone à urbaniser en priorité) : procédure administrative d'urbanisme opérationnel utilisée en France entre 1959 et 1967 afin de répondre à la demande croissante de logements. Les ZUP devaient permettre la création de quartiers nouveaux, commerces et équipements inclus.

ZÉBRA : Bandes blanches de marquage sur les routes, comme celles signalant un passage pour piétons. Zébra signifie zèbre en anglais.

ZNIEFF : Zone nationale d'intérêt faunistique et floristique. La première couche, la plus ancienne, du millefeuille des “protections de la nature”.

LE PALAIS ET LE SENTIER : COMMERCES MÉTROPOLITAINS

Le GR®2013 au Palais de la Bourse

Marcheuses et marcheurs du GR®2013, au niveau du Vieux-Port de Marseille, exceptionnellement, du 12 mars au 12 mai, vous pouvez traverser directement par le ferry boat ou profiter d'une échappée du Sentier à travers le Palais de la Bourse, situé au bas de la Canebière.

De vraies balises jaune et rouge guident dès ce matin du 13 mars 2013 les premiers randonneurs à travers des espaces peu connus du Palais. Durant deux mois l'hospitalité est offerte au Sentier et à ses utilisatrices et utilisateurs. Le Palais vieillissant veut voir comment le Sentier déroulera son tracé entre sa coursive et ses portes Sud et Nord. De son côté, le Sentier, fort de son expérience de deux années à construire la boucle métropolitaine, veut montrer et traverser un espace bâti et son histoire. Le Sentier explore les villes, les ports, les mythes, l'espace du monde ramassé dans le Palais. Être là, pour le Sentier, c'est faire avec ce que l'on a.

Ce qui fait le Palais, ce sont des listes :

Le hall est une liste des pays commerçant avec Marseille en 1860.
Le salon d'honneur une liste des principaux ports des échanges marseillais,
et ses quatre dessertes sont une liste de villes des Bouches-du-Rhône.
La façade liste de grands navigateurs, l'escalier liste des présidents en peinture.
La frise au-dessus du balcon liste des produits du monde arrivés par Suez et Gibraltar.

Le Sentier construit une carte mentale de salons et de tables, un paysage de ses composantes diverses : les 38 communes traversées ; la Capitale européenne de la Culture commanditaire ; la CCIMP* notre hôte. Le tracé est la mémoire en rouge et jaune des associations du comité départemental de randonnée pédestre des Bouches du Rhône. Les 36 noms de lieux des coursives, de Nicolas Mémain et Baptiste Lanaspeze. Le salon du son : Julie de Muer, les balades sonores de Radio Grenouille et Cie. Le salon du silence de Laurent Malone. Le salon des Panoramistes. Le salon des dispositifs, les artistes associés au GR®2013 : Mathias Poisson, Bryan Connell, Geoffroy Mathieu, Rémy Rivoire, Frank Gérard. Les tables et présentoirs de Safi, Denis Moreau, Philippe Piron, Christine Breton, Hôtel du Nord et Cie, Hendrik Sturm.

– Christine Breton pour le Cercle des Marcheurs

Patrick Boulanger, chef du département « Patrimoine culturel » de la CCIMP*, ouvre au Cercle des Marcheurs les archives du Palais de la Bourse, au dernier étage du Palais dit le « métro ». PHOTO D.R.

CRÉDITS

L'ADAPTATION SPÉCIFIQUE DE CE TOPO-GUIDE, AINSI QUE LES DOUBLE-PAGES ARTISTIQUES ET LES NUANCIERS MÉTROPOLITAINS, ONT ÉTÉ RÉALISÉES PAR LES ARTISTES DU "CERCLE DES MARCHEURS" :

CHRISTINE BRETON, conservateur honoraire du patrimoine, vit et travaille à Marseille. Elle a initié depuis les années 1990 un programme innovant de « patrimoine intégré » avec les habitants des quartiers Nord, qui a ouvert la voie à la pratique de la promenade urbaine à Marseille. Elle est l'auteur d'une série de 5 ouvrages sur Marseille, les "Récits d'hospitalité" (éditions Commune).

SAFI [du Sens, de l'Audace, de la Fantaisie et de l'Imagination] travaille, apprend, rêve, partage, imagine et transmet à partir du végétal. Non pas la nature conservée, ni la nature domestiquée, mais celle des espaces en friche, des frontières de la ville, là où le jeu reste possible tout en posant les enjeux du devenir urbain. Par la marche, le design, le dessin, la cartographie ou la cuisine, ils mettent en valeur une conversation intime entre des hommes et leurs territoires.

LAURENT MALONE, photographe, vit à Marseille, Paris et Tanger. Membre du collectif Stalker, il documente les mutations urbaines à partir de parcours libres et d'errances favorables aux rencontres. Parmi ses publications, l'ouvrage *jfk* témoigne de la traversée entre downtown Manhattan et l'aéroport de JFK à travers 486 photographies. De juin à décembre 2012, il partage la vie des familles roms à l'Unité d'habitation d'urgence de la Madrague Ville (Marseille) réalisant plus d'une centaine de portraits filmés et silencieux.

GEOFFROY MATHIEU, photographe, vit et travaille à Marseille. Son travail sur le paysage oscille entre l'espace urbain et le milieu rural, et veut documenter avec poésie les relations entre l'espace physique et l'intervention humaine. Pour le GR®2013, il a conçu un Observatoire photographique du paysage (OPP) sur mesure.

NICOLAS MÉMAIN, montreur d'ours en béton, vit et travaille à Marseille. Cet urbaniste refoulé, expert en architecture du 20e siècle, est devenu guide-arpenteur de la ville contemporaine. Érudit marseillais, il tente de devenir un érudit provençal à travers une intense activité métropolitaine.

DENIS MOREAU vit et travaille à Vitry. Au départ architecte, il se déclare selon les cas géographe, urbaniste, écrivain, photographe, aventurier, expert ou simplement promeneur. Dans banlieuedeparis.org, il propose depuis 1995 un chantier sur sa perception de l'ensemble du grand Paris en construction à partir d'une exploration intensive de la métropole. Il est membre de l'association « Par ce passage, infranchi » qui explore l'Ouest métropolitain avec Christophe Galatry, Pierre Carrelet, Phiippe Piron, Karine Maussière.

JULIE DE MUER, productrice indépendante, vit et travaille à Marseille depuis 2001. Cofondatrice du Batofar à Paris, elle a dirigé Radio Grenouille pendant 7 ans. Elle accompagne aujourd'hui plusieurs artistes qui s'intéressent à la question du territoire. Avec des habitants des quartiers nord de Marseille, elle construit des itinéraires pour découvrir et questionner la ville. Elle développe également pour Radio Grenouille des promenades sonores, à écouter dans l'espace public.

PHILIPPE PIRON vit et travaille entre Nantes et Marseille. Formé à la gestion de l'environnement et des paysages ruraux de l'Ouest de la France, il complète son goût de l'observation par une formation en photographie dans le Gard chez Serge Gal (Image Ouverte). Pendant ses années marseillaises (2002-2012), il s'oriente vers l'architecture et les paysages urbains. Les nombreuses balades de repérage qu'il effectue sur le GR®2013 lui permettent d'articuler paysages urbains et paysages ruraux.

MATHIAS POISSON vit et travaille à Marseille. Il a également habité à Paris et à Damas. Plasticien et performeur, ses recherches s'articulent autour des pratiques de promenades urbaines. Auteur d'un guide touristique expérimental, dessinateur de cartes, guide de visites publiques et aventureuses, il propose des déambulations sensibles dans des lieux singuliers où l'expérience du visiteur est au centre de la recherche. Il fait partie avec Virginie Thomas de l'AGENCE TOURISTE, agence de promenades expérimentales.

HENDRIK STURM, artiste promeneur, vit à Marseille depuis les années 1990. Originaire de Düsseldorf, il a étudié la neurobiologie (thèse de doctorat) et les Beaux-Arts (sculpture). Il enseigne également à l'École supérieure d'art de Toulon Provence Méditerranée.

& BRYAN CONNELL, artiste et commissaire d'exposition, travaille à l'Exploratorium, un musée de San Francisco spécialisé dans la relation art/science. Son travail dialogue avec l'écologie scientifique (terrains) et l'ingénierie des infrastructures urbaines. Plusieurs de ses travaux et des expositions qu'il a développées sont visibles à Fort Mason (San Francisco) dans le cadre du programme Outdoor Exploratorium.

En 2013 et ensuite, à Marseille et ailleurs, marchez avec les artistes. Balades publiques, infos et actualités sur le site **www.lecercledesmarcheurs.com.**

PHOTOGRAPHIES : Geoffroy Mathieu, Philippe Piron, Akram Belaïd. **CARTOGRAPHIE :** Nicolas Mémain (p. 15, 190-191), Atlas métropolitain (p. 9, 13), Marie Chéné (p. 164-5). **DESSINS :** Mathias Poisson (couverture, p. 4, 92-93), l'Agence Touriste (p. 54-55, 167), SAFI / Stéphane Brisset (p. 11).

LES DESCRIPTIFS ONT ÉTÉ RÉALISÉS PAR LE CERCLE DES MARCHEURS (JDM, DM, SAFI, BL & NM) ET PAR :

BENOÎT FRONTERI, 15e président de la Société des Excursionnistes marseillais (2008-2011), est un membre actif des « Excurs* » depuis 1994. Organisateur de randonnées et grandes manifestations, il est responsable de la commission Éditions au sein du Comité départemental de randonnée pédestre des Bouches-du-Rhône, et a participé à la rédaction de nombreux topo-guides dans le département.

BERNARD LEBRUN, vice-président des « Excurs* », chargé de l'environnement, membre du comité directeur du comité départemental de la randonnée pédestre des Bouches-du-Rhône, il est chargé de la gestion des baliseurs et de leur matériel. Représentant des Excurs au GIP des Calanques, il est actif dans la pratique et l'organisation de randonnées depuis plus de 12 ans.

JEAN-MICHEL LAROQUE, membre des « Excurs* » depuis 1994, militaire de carrière à la retraite, vit à Marseille depuis 2002. Il mène des randos, des via ferrata, et a également animé un groupe escalade.

SERGE SURIAN vit à La Fare-les-Oliviers. Retraité d'Eurocopter et membre du club pédestre du L.A.C. d'Eurocopter, il est passionné de VTT et de randonnée pédestre. Autodidacte en informatique (ordinateur, GPS et cartographie), il s'intéresse également au geocaching.

REMERCIEMENTS aux enseignants et aux étudiants de l'Atlas métropolitain pour les cartes produites dans le cadre d'un atelier dirigé par Laurent Hodebert et Jean-Michel Savignat, assistés d'Alexandre Field, au sein du Département Architecture/Ville/Territoire de l'École Nationale Supérieure d'Architecture de Marseille (ENSA-M), cartes reproduites p. 9 et 13 (www.atlas-metropolitain.fr).

REMERCIEMENTS aux autres contributeurs visuels : Christophe Galatry (PCPI), Stephan Muntaner (p. 98-99), Aurore Salomon... Merci pour leur hospitalité et leur connaissance du territoire : à Luc Brun, Marc del Corso, Christian Tamisier, Georges Demouchy... Merci pour leur soutien aux complices et amis du GR®2013 : Alexandre Field et Nicolas de Barbarin du CAUE13, Roger Malina et Samuel Bordreuil de l'IMéRA, Camille Videcoq et François Parra, de l'École d'Art d'Aix-en-Provence, Isabelle Hostalery et Jean-Christophe Chatton de France 3, Michel Cerdan, Tina Gerhäusser, Katja Trippel, Timmo Schreiber, Yves Gerbal.

À LA FÉDÉRATION FRANÇAISE DE LA RANDONNÉE PÉDESTRE :
Responsable de production : Isabelle Lethiec. Édition : Marie Fourmaux. Cartographie : Fred Simpson, Olivier Cariot. Relecture technique : Marie-France Helaers, Marie Fourmaux, Jérôme Bazin. Montage de la coédition : Patrice Souc. Principes de maquette et couverture : FFRandonnée et MediaSarbacane.
Suivi du projet de GR®2013 : Pierre Cavalieros, Jean-Michel Humeau, Thierry Lesellier, Patrice Souc.

COORDINATION GÉNÉRALE DU TOPO-GUIDE :
Baptiste Lanaspeze, fondateur des éditions Wildproject, concepteur du GR®2013.

LE TRACÉ DU GR®2013 EST LE RÉSULTAT D'UN PROCESSUS COLLECTIF COMPLEXE IMPLIQUANT : Nicolas Mémain dans le rôle du cartographe ; coordination des éditions Wildproject pour Marseille-Provence 2013. Avec des contributions de Hendrik Sturm, Louis Chancrin, Arnaud Denjean, du Conseil général 13 (service Environnement, Grégoire Delrue), des associations affiliées au CDRP13. Sous la direction de MP2013 et du comité de pilotage (CG13, BDR Tourisme, FFRandonnée, CDRP13). Merci aux maires et aux services des 38 communes traversées par le GR®2013 pour leur active collaboration.

BALISAGE : Comité départemental de la randonnée pédestre (CDRP13), coord. Paul Pomarès et Bernard Lebrun.

UN PROJET DE MARSEILLE-PROVENCE 2013 SUIVI PAR : Laura Trappier (production), Loïc Magnant (chef de projets), Pierre Martinez (directeur de projets) et Jean-François Chougnet (directeur général).

Marseille-Provence 2013, Capitale européenne de la Culture est une association Loi 1901 présidée par Jacques Pfister. Elle est financée par l'Union Europééenne, l'État, la Région Provence Alpes Côte d'Azur, le Conseil général des Bouches-du-Rhône, la Ville de Marseille, la Communauté urbaine Marseille Provence Méditerranée, la ville d'Aix-en-Provence et la Communauté du pays d'Aix, la Ville d'Arles et la communauté Arles-Crau-Camargue-Montagnette, la Communauté du Pays de Martigues, les villes de Salon-de-Provence, d'Istres, de Gardanne, de Miramas. L'association reçoit le soutien de ses cinq partenaires officiels : Le Groupe La Poste, La Société Marseillaise de Crédit, Orange, Eurocopter et EDF. Partenaires du GR®2013 : Eurocopter. Avec le concours du Groupe La Poste.

BIBLIOGRAPHIE

PUBLICATIONS DU CERCLE DES MARCHEURS

L'agence touriste (Virginie Thomas et Mathias Poisson), *Comment se perdre sur un GR®*, Wildproject, 2013

Hendrik Sturm, *Aller par quatre chemin, à la Valette du Var*, 2004

SAFI, « Par ici les échappées », cartes du quartier du Merlan à Marseille

Baptiste Lanaspeze, *Marseille ville sauvage, essai d'écologie urbaine*, Actes Sud, 2012

Christine Breton, *Récits d'hospitalité*, éditions Commune, 2011-2012

Laurent Malone et Dennis Adams, *jfk*, 2000

Denis Moreau, banlieuedeparis.org, depuis 1995

Geoffroy Mathieu, *Dos à la mer, promenades urbaines en Méditerranée*, Filigranes, 2008 ; *Paysages usagés*, Wildproject, 2013

Julie de Muer, « Promenades sonores », www.promenades-sonores.com et « Radio Caravan » sur www.radiogrenouille.com

AUTRES TOPOGUIDES DE LA FFRandonnée DANS LES BOUCHES-DU-RHÔNE

Les Bouches-du-Rhône, 2013

Les Calanques à pied, 2012

La Montagne Sainte-Victoire, 2010

GR®9, GR®98, GR®90, Massifs Provencaux : Sainte-Victoire, Sainte-Baume, Maures, Calanques, 1990, épuisé

1. MARCHE ET ART CONTEMPORAIN

Dieter Roelstraete, *Richard Long: A Line Made by Walking*

Maurice Fréchuret, *Les figures de la marche*, Catalogue RMN, 2000

Francis Alys, *Seven Walks* (London 2004-5), Artangel, 2004

L'art en marche, 20 randonnées d'art contemporain, Images en manœuvre / Musée Gassendi

2. MARCHER, ÉCRIRE, PENSER

Bashô, *La Sente étroite du Bout-du-Monde,* 1689

Rousseau, *Les Rêveries du Promeneur solitaire,* 1777

Georg Büchner, *Lenz,* 1835

Thoreau, *De la marche*, 1862

Robert Walser, *La Promenade,* 1920

Gaston Bachelard, *La Poétique de l'espace*, PUF, 1958

Werner Herzog, *Sur le chemin des glaces : journal de marche,* POL, 1988

Rebecca Solnit, *L'Art de Marcher*

Will Self, *Psychogeograhy*

Frédéric Gros, *Marcher, une philosophie*, éd. Carnets Nord

David Le Breton, *Éloge de la marche*, éd. Métailié

Michel de Certeau, *L'invention du quotidien*

Jean-Christophe Bailly, *Le Dépaysement*, Seuil, 2011

3. VOYAGES MÉTROPOLITAINS

Julio Cortazar, *Les Autonautes de la cosmoroute : voyage intemporel Paris-Marseille*, Gallimard, 1982

François Maspero, *Les Passagers du Roissy-Express,* Seuil, 1990

Iain Sinclair, *London Orbital,* éditions Inculte, 2010

Rem Koolhaas, *New York délire,* Parenthèses, 2002

4. LA MÉTROPOLE* MARSEILLAISE

Claude McKay, *Banjo*, 1929

Bernard Morel, *Naissance d'une métropole*, L'Harmattan, 2000

P. Bartoli, A. Carpentier, C. Musset, A. Truchot, C. Orillard, *L'étang de Berre, de la mer au lac,* ENSAM-CAUE, 2001

Walter Benjamin, *Haschich à Marseille*, 1929

Thierry Durousseau, Valérie Jouve, *Les Ponts Schuhl*, CAUE13, 1997

Coll., *Les Clôtures*, CAUE13, 1982

5. EXCURSIONNISTES* MARSEILLAIS

J.-L. Parisis, M. Péraldi, *La Mise au vert*, thèse 1981

Paul Ruat, *Excursions en Provence, 1892-1902,* rééd. Wildproject, 2013

PEFC 10-31-1510

MENTIONS LÉGALES

Les itinéraires de randonnée pédestre connus sous le nom de « GR », jalonnés de marques blanc-rouge, sont une création de la FFRandonnée. Ils sont protégés au titre du code de la propriété intellectuelle. Les marques utilisées sont déposées à l'INPI. Nul ne peut en disposer sans une autorisation expresse. Sentier de Grande Randonnée, Grande Randonnée pays, Promenade & Randonnée, Randocitadines, À pied en famille, Les Environs de… à pied, Sentiers des Patrimoines, Week-ends Rando sont des marques déposées, ainsi que les marques de couleur blanc-rouge et jaune-rouge. Les extraits de cartes figurant dans cet ouvrage sont la propriété de l'Institut géographique national. Toute reproduction est soumise à l'autorisation de ce dernier.

ISBN 978-2-7514-0626-3
Dépôt légal : mars 2013
Achevé d'imprimer en France sur les presses de Corlet imprimeur, selon les normes de la certification PEFC®